园林绿化树种选择技术指引

主编 / 谢佐桂　谭一凡

Seaside Greenery
Coastal Tidal Flats
Roadside Greenery

SPM 南方出版传媒
广东科技出版社 | 全国优秀出版社
·广　州·

图书在版编目（CIP）数据

园林绿化树种选择技术指引 / 谢佐桂，谭一凡主编．—广州：广东科技出版社，2017.4

ISBN 978-7-5359-6687-2

Ⅰ．①园…　Ⅱ．①谢…　②谭…　Ⅲ．①园林树木—树种　Ⅳ．① S680.29

中国版本图书馆 CIP 数据核字（2017）第 034261 号

园林绿化树种选择技术指引　Yuanlin Lühua Shuzhong Xuanze Jishu Zhiyin

责任编辑：罗孝政
封面设计：柳国雄
责任印制：彭海波
出版发行：广东科技出版社
（广州市环市东路水荫路 11 号　邮政编码：510075）
http：//www.gdstp.com.cn
E-mail：gdkjyxb@gdstp.com.cn（营销）
E-mail：gdkjzbb@gdstp.com.cn（编务室）
经　　销：广东新华发行集团股份有限公司
印　　刷：广州一龙印刷有限公司
（广州市天河区车陂北街28号之一东面一楼　邮政编码：510665）
规　　格：889mm×1 194mm　1/16　印张 15　字数 400 千
版　　次：2017 年 4 月第 1 版
2017 年 4 月第 1 次印刷
定　　价：68.00 元

《园林绿化“深圳标准”丛书》编委会

总体策划

王国宾

策　　划

丘孟军　綦文生　朱伟华　杨　雷　吴学龙

梅　村　周瑶伟

审　　核

朱伟华

统　　筹

吴素华　吴　豪

《园林绿化树种选择技术指引》

主　　编

谢佐桂　谭一凡

编写人员

徐　艳　邓惠娟　周兰平　王　晖　黄义钧

钟　锋　詹惠玲　蔡江桥　雷江丽　曹　华

梁治宇

前言

深圳，作为中国改革开放的前沿城市，经过30多年来的建设与发展，已成长为一座综合实力居全国大中城市前列、具有重大国际影响力的现代化城市。在城市发展过程中，深圳始终将城市园林绿化作为改善城市生态环境，提高人居环境质量的一个重要抓手，基本形成了植物多样、绿量充沛、具有南亚热带海滨城市特色、整体水平达到全国一流的城市绿化格局。由于对园林绿化树种的特性（如所需的气候条件、土壤环境、光照需求以及树木本身的根系情况、开花结果与抗风性能等）掌握不全，城市园林绿化事业也曾出现一些失误和问题。对于一条城市道路绿地，一块城市公园绿地，如何将规划名录中的树种配置到合适的位置，使其既符合生态学原则，又符合美学要求，还满足绿地功能需求，这是深圳广大的园林绿化管理工作者和工程技术人员最为关心，又难以把握的问题。园林绿化树种的选择，目前已经制定的相关技术规范和文件，要么在有关适地适树的原则上过于宏观，设计师在具体应用时难以贯彻；要么所推荐的树种名录过于宽泛，对实际的应用缺乏指导性。

为此，以“服务至上，精益求精”的城管核心理念为切入点，我们从深圳市公园管理中心、深圳仙湖植物园、北林苑景观及建筑规划设计院、暨南大学深圳旅游学院4家单位抽调了植物学、风景园林、植物保护等专业的十几位博士、硕士组成了本指引编制小组。对近年公开出版和深圳市城管局内部印制的有关深圳本地树种的书籍和文献进行了分析研究，并结合深圳建市30多年来在树种应用方面的成功经验，拟定了道路绿地、公园绿地及滨海盐碱地树种选择的基本原则，初步提出了三类绿地适用树种推荐名录和行道树慎用树种名单，较好地解决了树种选择原则过于宏观和推荐树种名录过于宽泛的问题。同时，我们还以图文并茂的方式对推荐树种名录中的每个树种进行了详细介绍，特别对其应用特性，如花期、观赏特性、抗风性、病虫害情况等进行了标注，使本技术指引具有了较强的实用价值。

由于时间所限，疏漏在所难免，恳请同行批评指正，以便我们再版时予以更正。

目录

1 总则

1.1 目的

遵循园林绿化树种的生物学特性并结合绿地功能需求，确定园林绿化树种选择的基本原则和具体要求，提出适用于深圳市道路绿地、公园绿地和滨海盐碱地生态景观营建的推荐树种名录，为深圳市园林绿化树种规划、设计与应用提供技术指导。

1.2 编制依据

CJJ 48—92　公园设计规范
CJJ75—97　城市道路绿化规划与设计规范
SZDB/Z 80—2013　综合公园建设规范

1.3 适用范围

本指引适用于深圳市政府投资类项目的绿地树种规划、设计及植物景观营造，社会性类投资项目的绿地树种规划、设计和应用可参照执行。

本指引提出了深圳市城市道路绿地、公园绿地及滨海盐碱地三类绿地树种选择的基本原则、推荐树种名录及其适种区域。其他园林绿地（如居住区绿地、单位附属绿地等）树种选择可根据绿地的功能和环境条件，参考本指引执行。

2 名词解释

2.1 乡土树种

是指出现在物种的自然分布区及其自然传播范围内的树种，是经过长期系统演化而来，是本地生态系统中的组成部分，对本地生态环境极为适应。本指引中乡土树种特指华南乡土树种。

2.2 归化树种

属外来植物，指在本区内原无分布，从另一地区移入的种，且在本区内能正常繁育后代，并大量繁衍成野生状态的树种。

3 树种选择原则

3.1　适地适树原则

因地制宜，以植物的生态适应性和景观协调性作为树种选择的主要依据，多选用乡土树种。乡土树种最适宜本地的自然条件，具有抗性强、病虫害少等特点，亦能体现城市园林绿化的地方风格。

3.2　树种多样性原则

乡土树种和外来树种结合使用，丰富园林绿化树种的类别。植物物种多样性是城市生态功能的基础，也是城市景观多样性的前提，外来树种宜使用归化树种。

3.3　效益最大化原则

树种选择应优先考虑树种的景观效益和生态效益，兼顾体现城市的种植历史和植物文化内涵。选择那些树形优美、色彩丰富、花果或季相变化上独具特色且抗性强的树种，以体现城市优美景观、维护城市生态平衡及改善城市人居环境。

4 道路绿地

4.1 适用范围

本指引规范了深圳市主干路和次干路道路绿地中的行道树绿带、分车绿带（包括中间分车绿带和两侧分车绿带）和渠化岛绿地（详见道路绿地立体示意图）的树种选择要求。路侧绿带的树种选择宜根据绿地的种植条件，参照本指引“5 公园绿地”的相关规定执行。

4.2 树种选择要求

4.2.1 一般规定

a）道路绿地的树种选择应优先满足道路交通安全的要求（如行车视线和净空要求等），再兼顾景观功能和生态防护。

b）道路绿地应选择树干通直、分枝点高、抗风性强、适应性强、病虫害少的树种，不宜选择表面根系发达、有飞絮、开花有明显异味的树种。

4.2.2 行道树绿带的树种选择还应满足冠大荫浓、落果不易伤人、不易污染铺装地面的要求。

4.2.3 分车绿带的树种选择还应满足树体高大、常绿姿美的要求。

4.2.4 渠化岛绿地的树种选择还应满足观赏特征突出（如观叶、观花、观姿或观果）的要求。

4.3 道路绿地适用树种

道路绿地的树种选择可参照表 1，推荐树种 73 种。

道路绿地立体示意图

表 1　道路绿地适用树种推荐名录

序号	中文名	拉丁学名	适种区域			索引页
			行道树绿带	分车绿带	渠化岛	
001	兰屿罗汉松	*Podocarpus costalis*			●	035
002	罗汉松	*Podocarpus macrophyllus*			●	035
003	短叶罗汉松	*Podocarpus macrophyllus* var. *maki*			●	035
004	白兰	*Michelia* × *alba*	▲	◆		039
005	黄兰	*Michelia champaca*	▲	◆		040
006	乐昌含笑	*Michelia chapensis*	▲	◆		041
007	垂枝暗罗	*Polyalthia longifolia* 'Pendula'		◆		045
008	樟树	*Cinnamomum camphora*	▲	◆		047
009	桂木	*Artocarpus nitidus* subsp. *lingnanensis*	▲			056
010	垂叶榕	*Ficus benjamina*		◆		058
011	花斑垂叶榕	*Ficus benjamina* 'Variegata'			●	058
012	亚里垂榕	*Ficus binnendijkii* 'Alii'		◆		059
013	菩提树	*Ficus religiosa*	▲			066
014	五桠果	*Dillenia indica*		◆		071
015	大花五桠果	*Dillenia turbinata*		◆		072
016	菲岛福木	*Garcinia subelliptica*		◆		076
017	铁力木	*Mesua ferrea*	▲	◆		077
018	长芒杜英	*Elaeocarpus apiculatus*	▲	◆		078
019	澳洲火焰木	*Brachychiton acerifolius*	▲		●	083
020	澳洲瓶干树	*Brachychiton rupestris*			●	084

（续表）

序号	中文名	拉丁学名	适种区域			索引页
			行道树绿带	分车绿带	渠化岛	
021	假苹婆	*Sterculia lanceolata*	▲			088
022	苹婆	*Sterculia monosperma*	▲			090
023	木棉	*Bombax ceiba*			●	091
024	吉贝	*Ceiba pentandra*		◆	●	092
025	美丽异木棉	*Chorisia speciosa*		◆	●	093
026	马拉巴栗	*Pachira macrocarpa*			●	094
027	红花玉蕊	*Barringtonia acutangula*	▲			097
028	红木	*Bixa orellana*		◆		100
029	象腿树	*Moringa drouhardii*			●	102
030	红花羊蹄甲	*Bauhinia* × *blakeana*		◆		118
031	羊蹄甲	*Bauhinia purpurea*		◆		119
032	宫粉羊蹄甲	*Bauhinia variegata*	▲	◆		120
033	白花羊蹄甲	*Bauhinia variegata* var. *candida*	▲	◆		120
034	腊肠树	*Cassia fistula*	▲	◆		121
035	节荚决明	*Cassia javanica* subsp. *nodosa*		◆		122
036	铁刀木	*Cassia siamea*	▲	◆		123
037	黄槐	*Cassia surattensis*		◆		124
038	凤凰木	*Delonix regia*	▲	◆	●	125
039	盾柱木	*Peltophorum pterocarpum*	▲	◆		130
040	中国无忧花	*Saraca dives*	▲	◆		131

（续表）

序号	中文名	拉丁学名	适种区域			索引页
			行道树绿带	分车绿带	渠化岛	
041	海南红豆	*Ormosia pinnata*	▲	◆		134
042	水黄皮	*Pongamia pinnata*	▲			135
043	大花紫薇	*Lagerstroemia speciosa*	▲	◆	●	139
044	钟花蒲桃	*Syzygium campanulatum*			●	148
045	黄金蒲桃	*Xanthostemon chrysanthus*			●	153
046	阿江榄仁	*Terminalia arjuna*	▲			154
047	榄仁树	*Terminalia catappa*	▲	◆		155
048	小叶榄仁	*Terminalia mantaly*	▲	◆	●	156
049	莫氏榄仁	*Terminalia muelleri*	▲	◆		157
050	铁冬青	*Ilex rotunda*			●	160
051	蝴蝶果	*Cleidiocarpon cavaleriei*		◆		162
052	复羽叶栾树	*Koelreuteria bipinnata*	▲	◆		172
053	人面子	*Dracontomelon duperreanum*	▲	◆		174
054	扁桃	*Mangifera persiciforma*	▲			176
055	麻楝	*Chukrasia tabularis*	▲			177
056	苦楝	*Melia azedarach*	▲			179
057	幌伞枫	*Heteropanax fragrans*			●	183
058	糖胶树	*Alstonia scholaris*			●	186
059	红鸡蛋花	*Plumeria rubra*			●	188
060	鸡蛋花	*Plumeria rubra* 'Acuttifolia'			●	188

（续表）

序号	中文名	拉丁学名	适种区域			索引页
			行道树绿带	分车绿带	渠化岛	
061	猫尾木	*Markhamia stipulata* var. *kerrii*	▲	◆		192
062	蓝花楹	*Jacaranda mimosifolia*	▲	◆		193
063	海南菜豆树	*Radermachera hainanensis*	▲	◆		196
064	火焰木	*Spathodea campanulata*	▲	◆		199
065	黄风铃花	*Tabebuia chrysantha*	▲	◆	●	201
066	蔷薇风铃花	*Tabebuia rosea*		◆		202
067	霸王棕	*Bismarckia nobilis*		◆		208
068	油棕	*Elaeis guineensis*	▲	◆		217
069	蒲葵	*Livistona chinensis*		◆		219
070	银海枣	*Phoenix sylvestris*		◆		220
071	国王椰子	*Ravenea rivularis*		◆		221
072	大王椰子	*Roystonea regia*		◆		222
073	狐尾椰子	*Wodyetia bifurcata*		◆		225

备注："▲""◆""●"表示该树种的适种区域；"索引页"是指该树种的具体信息在本指引的第几页。

4.4 行道树慎用树种

基于保障行人安全、利于路面维护等原因，表2提出了行道树慎用树种名录，建议行道树慎用树种26种。

表2 行道树慎用树种名录

序号	中文名	拉丁学名	慎用原因	备注	索引页
001	南洋楹	*Acacia falcataria*	不抗风，枝条易断		116
002	印度紫檀	*Pterocarpus indicus*	不抗风，小枝条易断		136
003	银桦	*Grevillea robusta*	不抗风，小枝条易断；遮阴效果不佳		138
004	红花羊蹄甲	*Bauhinia × blakeana*	不抗风，树干易歪斜	可以用于支路	118
005	非洲楝	*Khaya senegalensis*	招风易折，易倒伏；表面根系易破坏铺装路面		178
006	糖胶树	*Alstonia scholaris*	开花具浓烈气味		186
007	白千层	*Melaleuca leucadendron*	花粉易引起过敏		145
008	木棉	*Bombax ceiba*	果实开裂产生大量飞絮，易引发过敏反应		091
009	美丽异木棉	*Chorisia speciosa*	树干有较多皮刺，存在安全隐患	有防护措施条件下可以选用	093
010	波罗蜜	*Artocarpus heterophyllus*	果实巨大，落果易伤人		055
011	石栗	*Aleurites moluccana*	落果易伤人		161
012	吊瓜树	*Kigelia africana*	果实巨大，落果易伤人		195
013	乌墨	*Syzygium cumini*	落果易污染铺装路面		149
014	阴香	*Cinnamomum burmannii*	极易感染阴香粉实病而污染铺装路面		046
015	高山榕	*Ficus altissima*	表面根系及气生根发达，易破坏铺装路面	采用特殊工程技术措施条件下可以选用	057
016	橡胶榕	*Ficus elastica*	表面根系及气生根发达，易破坏铺装路面	采用特殊工程技术措施条件下可以选用	060
017	榕树	*Ficus microcarpa*	表面根系及气生根发达，易破坏铺装路面	采用特殊工程技术措施条件下可以选用	064
018	垂叶榕	*Ficus benjamina*	表面根系发达，易破坏铺装路面	采用特殊工程技术措施条件下可以选用	058
019	黄葛榕	*Ficus virens* var. *sublanceolata*	表面根系发达，易破坏铺装路面	采用特殊工程技术措施条件下可以选用	068
020	秋枫	*Bischofia javanica*	极易发生病虫害	若管养精细亦可用作行道树	169
021	黄槐	*Cassia surattensis*	分枝点偏低		124
022	黄槿	*Hibiscus tiliaceus*	分枝点偏低，树干易歪斜		095
023	假槟榔	*Archontophoenix alexandrae*	遮阴效果不好		205
024	蒲葵	*Livistona chinensis*	遮阴效果不好		219
025	大王椰子	*Roystonea regia*	遮阴效果不好；落叶易伤人		222
026	狐尾椰子	*Wodyetia bifurcata*	遮阴效果不好		225

备注：“慎用原因”具体说明了该树种慎作行道树的原因；“索引页”是指该树种的具体信息在本指引的第几页。

5 公园绿地

5.1 适用范围

本指引规范了新建和改建公园绿地中广场区域、疏林草地、滨水区域、停车区域及背景林的树种选择要求。公园自然山体林地的树种选择宜参照生态景观林带相关建设要求执行。市政道路路侧绿带与公园绿地类型相似，根据路侧绿地的种植条件，参照本指引下述相关规定执行。

本指引中的“广场区域”是指公园入口广场、园内林荫广场、健身广场或户外表演广场等游人活动较为集中的场所。

本指引中的“疏林草地”是指种植稀疏乔木（郁闭度为 0.4~0.6），且允许游人进入的草地。

本指引中的“滨水区域”是指公园内紧临水体（包括人工湖、自然河道、排洪渠、溪流等）的绿地，该区域种植的植物有较强的耐水湿能力。

本指引中的“停车区域”是指公园配套停车场的车位间隔绿带。停车场周边隔离防护绿地的树种选择参照背景林的相关要求执行。

本指引中的“背景林”是指用于围合、分隔空间或为其他观赏特征突出的植物提供背景的密林。

5.2 树种选择要求

5.2.1 公园绿地的树种选择宜在满足公园定位、功能及特色景观营建要求的基础上，合理选用乡土树种与外来树种，丰富植物种类，实现景观的多样性。

5.2.2 广场区域的树种选择应符合下列规定:

a）应选用抗风能力较强的树种。

b）宜选用高大荫浓的树种。

c）不应选用可能对游人形成安全隐患的树种（如汁液或果实有毒，树干或枝叶带刺，果实巨大且容易坠落等）。

d）不宜选用具浓烈气味、花粉或飞絮能引起明显过敏反应的树种。

e）不宜选用具众多浆果且容易自然坠地，导致污染铺装地面的树种。

f）广场花境宜选用极具观赏价值的花叶树木或造型植物。

5.2.3 疏林草地宜选用观赏特征突出（如观叶、观果、观姿、观花或观干等）的树种。

5.2.4 滨水区域应根据水体形态（如人工湖、自然河道、溪流等）及种植条件，选择可体现地带性滨水植被特征、兼具有生态效益或景观效益的树种。

5.2.5 停车区域应选用抗风能力强、分枝点高、冠大荫浓、少病虫害的树种，不宜选用大量落花落果、叶片细小且落叶、滴落树脂或者表面根系过于发达的树种。

5.2.6 公园的背景林应选用树体高大、枝叶茂密的常绿或半落叶树种，宜多选用鸟嗜植物、蜜源植物等。

5.3 公园绿地适用树种

公园绿地的树种选择可参照表 3，推荐树种 187 种。

表 3 公园绿地适用树种推荐名录

序号	中文名	拉丁学名	适种区域					道路路侧绿带	索引页
			广场区域	疏林草地	停车区域	滨水区域	背景林		
001	南洋杉	*Araucaria cunninghamii*		◆			●	❂	028
002	异叶南洋杉	*Araucaria heterophylla*		◆			●	❂	029
003	落羽杉	*Taxodium distichum*				★			030
004	池杉	*Taxodium distichum* var. *imbricatum*				★			031
005	圆柏	*Juniperus chinensis*					●		033
006	龙柏	*Juniperus chinensis* ‘Kaizuca’					●	❂	034
007	兰屿罗汉松	*Podocarpus costalis*	▲						035
008	罗汉松	*Podocarpus macrophyllus*	▲						035
009	短叶罗汉松	*Podocarpus macrophyllus* var. *maki*	▲						035
010	竹柏	*Nageia nagi*		◆				❂	037
011	荷花玉兰	*Magnolia grandiflora*		◆				❂	038
012	白兰	*Michelia* × *alba*	▲	◆	◇		●	❂	039
013	黄兰	*Michelia champaca*	▲	◆	◇		●	❂	040
014	乐昌含笑	*Michelia chapensis*		◆			●	❂	041
015	醉香含笑	*Michelia macclurei*		◆			●	❂	042
016	观光木	*Michelia odora*		◆			●	❂	043
017	二乔玉兰	*Yulania* × *soulangeana*	▲	◆				❂	044
018	垂枝暗罗	*Polyalthia longifolia* ‘Pendula’		◆				❂	045
019	阴香	*Cinnamomum burmannii*		◆				❂	046
020	樟树	*Cinnamomum camphora*	▲	◆	◇		●	❂	047

（续表）

序号	中文名	拉丁学名	适种区域					道路路侧绿带	索引页
			广场区域	疏林草地	停车区域	滨水区域	背景林		
021	山鸡椒	*Litsea cubeba*		◆				❁	048
022	潺槁树	*Litsea glutinosa*		◆					049
023	浙江润楠	*Machilus chekiangensis*		◆				❁	050
024	枫香树	*Liquidambar formosana*		◆			●	❁	051
025	红花荷	*Rhodoleia championii*		◆				❁	052
026	朴树	*Celtis sinensis*	▲	◆		★	●	❁	053
027	面包树	*Artocarpus communis*	▲	◆				❁	054
028	波罗蜜	*Artocarpus heterophyllus*		◆				❁	055
029	桂木	*Artocarpus nitidus* subsp. *lingnanensis*	▲	◆				❁	056
030	高山榕	*Ficus altissima*	▲	◆				❁	057
031	斑叶高山榕	*Ficus altissima* ‘Golden edged’	▲	◆				❁	057
032	垂叶榕	*Ficus benjamina*	▲	◆				❁	058
033	花斑垂叶榕	*Ficus benjamina* ‘Variegata’	▲	◆				❁	058
034	亚里垂榕	*Ficus binnendijkii* ‘Alii’		◆			●	❁	059
035	橡胶榕	*Ficus elastica*	▲	◆				❁	060
036	黑叶橡胶榕	*Ficus elastica* ‘Decora Burgundy’	▲	◆				❁	060
037	斑叶橡胶榕	*Ficus elastica* ‘Variegata’	▲	◆				❁	061
038	对叶榕	*Ficus hispida*				★			062
039	大琴叶榕	*Ficus lyrata*	▲	◆				❁	063
040	榕树	*Ficus microcarpa*	▲	◆		★		❁	064

（续表）

序号	中文名	拉丁学名	适种区域					道路路侧绿带	索引页
			广场区域	疏林草地	停车区域	滨水区域	背景林		
041	乳斑榕	*Ficus microcarpa* 'Milky'	▲	◆				❂	065
042	菩提树	*Ficus religiosa*	▲	◆	◇			❂	066
043	斜叶榕	*Ficus tinctoria* subsp. *gibbosa*		◆					067
044	黄葛榕	*Ficus virens* var. *sublanceolata*	▲	◆				❂	068
045	黧蒴锥	*Castanopsis fissa*					●		069
046	木麻黄	*Casuarina equisetifolia*		◆		★	●	❂	070
047	五桠果	*Dillenia indica*		◆	◇			❂	071
048	大花五桠果	*Dillenia turbinata*		◆	◇			❂	072
049	红皮糙果茶	*Camellia crapnelliana*	▲	◆					073
050	木荷	*Schima superba*		◆			●	❂	074
051	岭南山竹子	*Garcinia oblongifolia*		◆					075
052	菲岛福木	*Garcinia subelliptica*		◆				❂	076
053	铁力木	*Mesua ferrea*		◆				❂	077
054	长芒杜英	*Elaeocarpus apiculatus*		◆	◇			❂	078
055	水石榕	*Elaeocarpus hainanensis*		◆		★		❂	080
056	山杜英	*Elaeocarpus sylvestris*		◆				❂	081
057	文定果	*Muntingia calabura*		◆			●	❂	082
058	澳洲火焰木	*Brachychiton acerifolius*	▲	◆				❂	083
059	澳洲瓶干树	*Brachychiton rupestris*	▲	◆					084
060	长柄银叶树	*Heritiera angustata*		◆		★		❂	085

（续表）

序号	中文名	拉丁学名	适种区域					道路路侧绿带	索引页
			广场区域	疏林草地	停车区域	滨水区域	背景林		
061	银叶树	*Heritiera littoralis*		◆		★			086
062	翻白叶树	*Pterospermum heterophyllum*		◆			●	❁	087
063	假苹婆	*Sterculia lanceolata*	▲	◆				❁	088
064	苹婆	*Sterculia monosperma*	▲	◆				❁	090
065	木棉	*Bombax ceiba*		◆			●	❁	091
066	吉贝	*Ceiba pentandra*		◆			●	❁	092
067	美丽异木棉	*Chorisia speciosa*	▲	◆				❁	093
068	马拉巴栗	*Pachira macrocarpa*	▲					❁	094
069	黄槿	*Hibiscus tiliaceus*		◆		★		❁	095
070	桐棉	*Thespesia populnea*		◆		★	●		096
071	红花玉蕊	*Barringtonia racemosa*	▲	◆				❁	097
072	红花天料木	*Homalium hainanense*	▲	◆				❁	099
073	红木	*Bixa orellana*		◆				❁	100
074	鱼木	*Crateva religiosa*		◆				❁	101
075	象腿树	*Moringa drouhardii*	▲	◆					102
076	人心果	*Manilkara zapota*		◆				❁	104
077	香榄	*Mimusops elengi*		◆			●	❁	105
078	钟花樱桃	*Cerasus campanulata*		◆				❁	107
079	枇杷	*Eriobotrya japonica*		◆					108
080	豆梨	*Pyrus calleryana*		◆				❁	109

（续表）

序号	中文名	拉丁学名	适种区域					道路路侧绿带	索引页
			广场区域	疏林草地	停车区域	滨水区域	背景林		
081	耳叶相思	*Acacia auriculiformis*		◆			●	❁	110
082	台湾相思	*Acacia confusa*		◆			●	❁	111
083	银叶金合欢	*Acacia podalyriifolia*	▲					❁	112
084	海红豆	*Adenanthera pavonina* var. *microsperma*	▲	◆			●	❁	113
085	楹树	*Albizia chinensis*	▲	◆			●	❁	114
086	阔荚合欢	*Albizia lebbeck*		◆			●	❁	115
087	南洋楹	*Falcataria moluccana*		◆			●	❁	116
088	红花羊蹄甲	*Bauhinia* × *blakeana*		◆			●	❁	118
089	羊蹄甲	*Bauhinia purpurea*		◆				❁	119
090	宫粉羊蹄甲	*Bauhinia variegata*		◆				❁	120
091	白花羊蹄甲	*Bauhinia variegata* var. *candida*		◆				❁	120
092	腊肠树	*Cassia fistula*	▲	◆	◇		●	❁	121
093	节荚决明	*Cassia javanica* subsp. *nodosa*	▲	◆	◇			❁	122
094	铁刀木	*Cassia siamea*		◆			●	❁	123
095	黄槐	*Cassia surattensis*		◆				❁	124
096	凤凰木	*Delonix regia*	▲	◆				❁	125
097	格木	*Erythrophleum fordii*		◆			●	❁	127
098	仪花	*Lysidice rhodostegia*		◆			●	❁	128
099	盾柱木	*Peltophorum pterocarpum*	▲	◆			●	❁	130
100	中国无忧花	*Saraca dives*	▲	◆				❁	131

（续表）

序号	中文名	拉丁学名	适种区域					道路路侧绿带	索引页
			广场区域	疏林草地	停车区域	滨水区域	背景林		
101	鸡冠刺桐	*Erythrina crista-galli*		◆				✿	132
102	南非刺桐	*Erythrina caffra*		◆				✿	133
103	海南红豆	*Ormosia pinnata*		◆	◇			✿	134
104	水黄皮	*Pongamia pinnata*		◆		★		✿	135
105	印度紫檀	*Pterocarpus indicus*		◆			●	✿	136
106	红花银桦	*Grevillea banksii*		◆				✿	137
107	银桦	*Grevillea robusta*		◆			●	✿	138
108	大花紫薇	*Lagerstroemia speciosa*	▲	◆	◇			✿	139
109	土沉香	*Aquilaria sinensis*		◆				✿	140
110	垂枝红千层	*Callistemon viminalis*		◆		★		✿	141
111	柠檬桉	*Eucalyptus citriodora*		◆			●	✿	142
112	窿缘桉	*Eucalyptus exserta*		◆			●	✿	143
113	金叶白千层	*Melaleuca bracteata* ‘Revolution Glod’	▲	◆			●	✿	144
114	白千层	*Melaleuca leucadendra*		◆			●	✿	145
115	番石榴	*Psidium guajava*		◆					146
116	肖蒲桃	*Acmena acuminatissima*		◆		★	●	✿	147
117	钟花蒲桃	*Syzygium campanulatum*		◆				✿	148
118	乌墨	*Syzygium cumini*		◆			●	✿	149
119	蒲桃	*Syzygium jambos*		◆		★	●	✿	150
120	水翁	*Syzygium nervosum*		◆		★	●	✿	151

（续表）

序号	中文名	拉丁学名	适种区域					道路路侧绿带	索引页
			广场区域	疏林草地	停车区域	滨水区域	背景林		
121	洋蒲桃	*Syzygium samarangense*		◆		★		❂	152
122	黄金蒲桃	*Xanthostemon chrysanthus*	▲	◆		★		❂	153
123	阿江榄仁	*Terminalia arjuna*	▲	◆				❂	154
124	榄仁树	*Terminalia catappa*		◆				❂	155
125	小叶榄仁	*Terminalia mantaly*	▲	◆				❂	156
126	莫氏榄仁	*Terminalia muelleri*		◆			●	❂	157
127	铁冬青	*Ilex rotunda*	▲	◆			●	❂	160
128	石栗	*Aleurites moluccanus*		◆			●	❂	161
129	蝴蝶果	*Cleidiocarpon cavaleriei*		◆			●	❂	162
130	血桐	*Macaranga tanarius*				★			164
131	山乌桕	*Sapium discolor*		◆				❂	165
132	乌桕	*Sapium sebiferum*		◆		★		❂	166
133	木油桐	*Vernicia montana*		◆			●	❂	167
134	五月茶	*Antidesma bunius*		◆			●	❂	168
135	秋枫	*Bischofia javanica*		◆			●	❂	169
136	余甘子	*Phyllanthus emblica*		◆					170
137	龙眼	*Dimocarpus longan*		◆					171
138	复羽叶栾树	*Koelreuteria bipinnata*		◆	◇			❂	172
139	荔枝	*Litchi chinensis*		◆					173
140	人面子	*Dracontomelon duperreanum*	▲	◆	◇			❂	174

（续表）

序号	中文名	拉丁学名	适种区域					道路路侧绿带	索引页
			广场区域	疏林草地	停车区域	滨水区域	背景林		
141	杧果	*Mangifera indica*		◆					175
142	扁桃	*Mangifera persiciforma*		◆				❂	176
143	麻楝	*Chukrasia tabularis*		◆	◇		●	❂	177
144	非洲楝	*Khaya senegalensis*		◆			●		178
145	苦楝	*Melia azedarach*		◆			●	❂	179
146	大叶桃花心木	*Swietenia macrophylla*		◆			●	❂	180
147	黄皮	*Clausena lansium*		◆					181
148	阳桃	*Averrhoa carambola*		◆		★			182
149	幌伞枫	*Heteropanax fragrans*		◆			●	❂	183
150	辐叶鹅掌柴	*Schefflera actinophylla*		◆			●	❂	184
151	鹅掌柴	*Schefflera heptaphylla*		◆				❂	185
152	糖胶树	*Alstonia scholaris*		◆				❂	186
153	红鸡蛋花	*Plumeria rubra*	▲	◆		★		❂	188
154	鸡蛋花	*Plumeria rubra* 'Acuttifolia'	▲	◆		★		❂	188
155	大花茄	*Solanum wrightii*		◆				❂	189
156	柚木	*Tectona grandis*		◆	◇		●	❂	191
157	猫尾木	*Markhamia stipulata* var. *kerrii*	▲	◆	◇			❂	192
158	蓝花楹	*Jacaranda mimosifolia*		◆			●	❂	193
159	吊瓜树	*Kigelia africana*		◆				❂	195
160	海南菜豆树	*Radermachera hainanensis*		◆				❂	196

（续表）

序号	中文名	拉丁学名	适种区域					道路路侧绿带	索引页
			广场区域	疏林草地	停车区域	滨水区域	背景林		
161	火烧花	*Radermachera ignea*		◆				❁	197
162	火焰木	*Spathodea campanulata*	▲	◆	◇		●	❁	199
163	黄风铃花	*Tabebuia chrysantha*	▲	◆				❁	201
164	蔷薇风铃花	*Tabebuia rosea*		◆				❁	202
165	团花	*Neolamarckia cadamba*	▲	◆	◇		●	❁	203
166	珊瑚树	*Viburnum odoratissimum*		◆				❁	204
167	假槟榔	*Archontophoenix alexandrae*		◆				❁	205
168	三药槟榔	*Areca triandra*		◆				❁	206
169	砂糖椰子	*Arenga pinnata*		◆				❁	207
170	霸王棕	*Bismarckia nobilis*	▲	◆				❁	208
171	糖棕	*Borassus flabellifer*		◆				❁	209
172	鱼尾葵	*Caryota maxima*		◆				❁	210
173	董棕	*Caryota obtusa*		◆				❁	211
174	椰子	*Cocos nucifera*		◆				❁	212
175	三角椰子	*Dypsis decaryi*		◆				❁	213
176	红领椰子	*Dypsis lastelliana*		◆				❁	214
177	散尾葵	*Dypsis lutescens*		◆				❁	216
178	油棕	*Elaeis guineensis*	▲	◆	◇			❁	217
179	棍棒椰子	*Hyophorbe verschaffeltii*		◆				❁	218
180	蒲葵	*Livistona chinensis*		◆		★		❁	219

（续表）

序号	中文名	拉丁学名	适种区域					道路路侧绿带	索引页
			广场区域	疏林草地	停车区域	滨水区域	背景林		
181	银海枣	*Phoenix sylvestris*		◆				❂	220
182	国王椰子	*Ravenea rivularis*		◆				❂	221
183	大王椰子	*Roystonea regia*		◆		★		❂	222
184	金山葵	*Syagrus romanzoffiana*		◆	◇			❂	223
185	丝葵	*Washingtonia robusta*		◆				❂	224
186	狐尾椰子	*Wodyetia bifurcata*		◆				❂	225
187	红刺露兜树	*Pandanus utilis*		◆		★		❂	226

备注:“▲”“◆”“◇”“★”“●”表示该树种的适种区域;“❂”表示该树种亦适用于市政道路路侧绿带，可参照公园绿地，选择适种区域。

6 滨海盐碱地

6.1 适用范围

本指引规范了滨海绿地（含填海区）和沿海滩涂基干林带的树种选择要求。滨海绿地按功能亦可划分为道路绿地和公园绿地两种类型。

6.2 树种选择要求

6.2.1 滨海绿地的树种选择应根据不同的绿地类型（如道路绿地和公园绿地），除满足本指引前述相关规定之外，还应满足耐盐碱、抗海潮风的要求。

6.2.2 沿海滩涂基干林带宜选择本地的红树植物和半红树植物。

6.3 滨海盐碱地适用树种

因土壤的毛细管作用，填海区或近海绿地容易发生盐害，植物需具备一定的耐盐碱性，该区域适种的树种参照表 4，推荐树种 62 种。

表 4　滨海盐碱地适用树种推荐名录

序号	中文名	拉丁学名	适种区域	索引页
001	异叶南洋杉	*Araucaria heterophylla*	●	029
002	罗汉松	*Podocarpus macrophyllus*	★●	035
003	潺槁树	*Litsea glutinosa*	●	049
004	朴树	*Celtis sinensis*	●	053
005	面包树	*Artocarpus communis*	●	054

（续表）

序号	中文名	拉丁学名	适种区域	索引页
006	高山榕	*Ficus altissima*	●	057
007	橡胶榕	*Ficus elastica*	●	060
008	对叶榕	*Ficus hispida*	●	062
009	榕树	*Ficus microcarpa*	●	064
010	菩提树	*Ficus religiosa*	★●	066
011	黄葛榕	*Ficus virens* var. *sublanceolata*	●	068
012	木麻黄	*Casuarina equisetifolia*	●	070
013	长柄银叶树	*Heritiera angustata*	●	085
014	银叶树	*Heritiera littoralis*	●	086
015	假苹婆	*Sterculia lanceolata*	★●	088
016	木棉	*Bombax ceiba*	★●	091
017	黄槿	*Hibiscus tiliaceus*	●	095
018	桐棉	*Thespesia populnea*	●	096
019	玉蕊	*Barringtonia racemosa*	●	098
020	台湾相思	*Acacia confusa*	●	111
021	楹树	*Albizia chinensis*	●	114
022	阔荚合欢	*Albizia lebbeck*	●	115
023	南洋楹	*Falcataria moluccana*	●	116
024	红花羊蹄甲	*Bauhinia* × *blakeana*	★●	118
025	宫粉羊蹄甲	*Bauhinia variegata*	★●	120

（续表）

序号	中文名	拉丁学名	适种区域	索引页
026	腊肠树	*Cassia fistula*	★●	121
027	铁刀木	*Cassia siamea*	★●	123
028	凤凰木	*Delonix regia*	★●	125
029	盾柱木	*Peltophorum pterocarpum*	★●	130
030	南非刺桐	*Erythrina caffra*	●	133
031	水黄皮	*Pongamia pinnata*	★●	135
032	印度紫檀	*Pterocarpus indicus*	●	136
033	银桦	*Grevillea robusta*	●	138
034	大花紫薇	*Lagerstroemia speciosa*	★●	139
035	垂枝红千层	*Callistemon viminalis*	●	141
036	金叶白千层	*Melaleuca bracteata* 'Revolution Glod'	●	144
037	白千层	*Melaleuca leucadendra*	●	145
038	乌墨	*Syzygium cumini*	●	149
039	榄仁树	*Terminalia catappa*	★●	155
040	小叶榄仁	*Terminalia mantaly*	★●	156
041	莫氏榄仁	*Terminalia muelleri*	★●	157
042	血桐	*Macaranga tanarius*	●	164
043	秋枫	*Bischofia javanica*	●	169
044	杧果	*Mangifera indica*	●	175
045	扁桃	*Mangifera persiciforma*	★●	176

（续表）

序号	中文名	拉丁学名	适种区域	索引页
046	非洲楝	*Khaya senegalensis*	●	178
047	苦楝	*Melia azedarach*	★●	179
048	糖胶树	*Alstonia scholaris*	★●	186
049	柚木	*Tectona grandis*	●	191
050	猫尾木	*Markhamia stipulata* var. *kerrii*	★●	192
051	吊瓜树	*Kigelia africana*	●	195
052	火焰木	*Spathodea campanulata*	★●	199
053	霸王棕	*Bismarckia nobilis*	★●	208
054	糖棕	*Borassus flabellifer*	●	209
055	鱼尾葵	*Caryota maxima*	●	210
056	椰子	*Cocos nucifera*	●	212
057	油棕	*Elaeis guineensis*	★●	217
058	蒲葵	*Livistona chinensis*	★●	219
059	银海枣	*Phoenix sylvestris*	★●	220
060	大王椰子	*Roystonea regia*	★●	222
061	金山葵	*Syagrus romanzoffiana*	●	223
062	红刺露兜树	*Pandanus utilis*	●	226

备注：“★”表示该树种在滨海道路绿地的适种区域可参照表 1；“●”表示该树种在滨海公园绿地的适种区域可参照表 3。
“索引页”是指该树种的具体信息在本指引的第几页。

6.4 沿海滩涂适用树种

沿海滩涂基干林带建设是指红树林生态系统的恢复和重建，应选用红树林乡土树种即红树植物与半红树植物，树种选择可参照表 5，推荐树种 9 种。

表 5　沿海滩涂适用树种推荐名录

序号	中文名	拉丁学名	类型	适种区域	索引页
001	木榄	*Bruguiera gymnorhiza*	红树植物	潮间带	158
002	秋茄树	*Kandelia candel*		潮间带	159
003	白骨壤	*Avicennia marina*		潮间带	190
004	桐花树	*Aegiceras corniculatum*		潮间带	106
005	海漆	*Excoecaria agatlocha*	半红树植物	潮间带及近海陆地	163
006	银叶树	*Heritiera littoralis*		潮间带及近海陆地	086
007	海杧果	*Cerbera manghas*		潮间带及近海陆地	187
008	黄槿	*Hibiscus tiliaceus*		潮间带及近海陆地	095
009	桐棉	*Thespesia populnea*		潮间带及近海陆地	096

备注：“索引页”是指该树种的具体信息在本指引的第几页。

7　图标解说

主要观赏特性

观花

观果

观叶

观干

观根

观姿

抗风能力

抗风强

抗风中

抗风弱

树木类型

常绿乔木

落叶乔木

乡土树种

8 树种图鉴

本指引收录树种共 196 种，分属 52 科 129 属，其中乡土树种 82 种、归化树种 23 种、引种植物 91 种。

按花色划分

花色	树种名录
白花系（49 种）	荷花玉兰、白兰、乐昌含笑、醉香含笑、阴香、樟树、山苍子、潺槁树、浙江润楠、黧蒴锥、五桠果、红皮糙果茶、木荷、尖叶杜英、水石榕、文定果、银叶树、苹婆、吉贝、马拉巴栗、玉蕊、鱼木、象腿树、桐花树、枇杷、豆梨、楹树、阔荚合欢、南洋楹、白花羊蹄甲、海南红豆、土沉香、金叶白千层、白千层、番石榴、肖蒲桃、乌墨、蒲桃、水翁、洋蒲桃、铁冬青、石栗、木油桐、鹅掌柴、糖胶树、海杧果、柚木、海南菜豆树、珊瑚树
黄花系（28 种）	黄兰、大花五桠果、黄槿、桐棉、耳叶相思、台湾相思、银叶金合欢、海红豆、腊肠树、格木、盾柱木、中国无忧花、铁刀木、黄槐、印度紫檀、银桦、黄金蒲桃、秋茄、复羽叶栾树、荔枝、扁桃、麻楝、黄皮、鸡蛋花、白骨壤、猫尾木、火烧花、黄花风铃木
红花系（17 种）	观光木、二乔木兰、红花荷、澳洲火焰木、长柄银叶树、木棉、红花玉蕊、钟花樱桃、红花羊蹄甲、凤凰木、鸡冠刺桐、南非刺桐、红花银桦、辐叶鹅掌柴、垂枝红千层、吊瓜树、火焰木
粉花系（12 种）	美丽异木棉、节荚决明、仪花、水黄皮、大花紫薇、羊蹄甲、宫粉紫荆、阳桃、蔷薇风铃花、苦楝、红木、假苹婆
蓝紫系（2 种）	蓝花楹、大花茄

按色叶划分

色叶类型	树种名录
春色叶（7 种）	浙江润楠、岭南山竹子、铁力木、钟花蒲桃、肖蒲桃、荔枝、扁桃
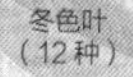冬色叶（12 种）	落羽杉、池杉、枫香树、黄葛榕、山杜英、榄仁、小叶榄仁、莫氏榄仁、山乌桕、印度紫檀、大花紫薇、千年桐
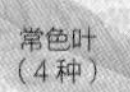常色叶（4 种）	金叶白千层、金叶垂榕、斑叶高山榕、乳斑榕

南洋杉科

种名：**南洋杉**

别名：肯氏南洋杉

学名：*Araucaria cunninghamii*

科属：南洋杉科 Araucariaceae 南洋杉属 *Araucaria*

产地分布：原产于大洋洲，热带、亚热带地区多有栽培。深圳地区常见栽培。归化树种。

适种区域：
道路绿地：路侧绿带
公园绿地：疏林草地 / 背景林

植物花期

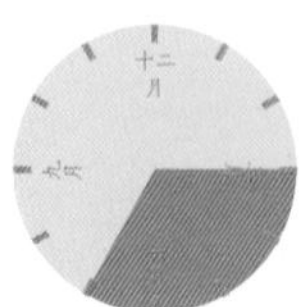

4—7 月

Araucariaceae

树种简介：

幼树树冠尖塔形，老后则呈平顶状。侧生小枝密生，近羽状排列，下垂。叶螺旋状排列；幼枝和侧枝上的叶钻形或三角形；大树和果枝上的叶卵形或三角状卵形。球果卵形或三角状。

小枝密生，呈下垂状

叶

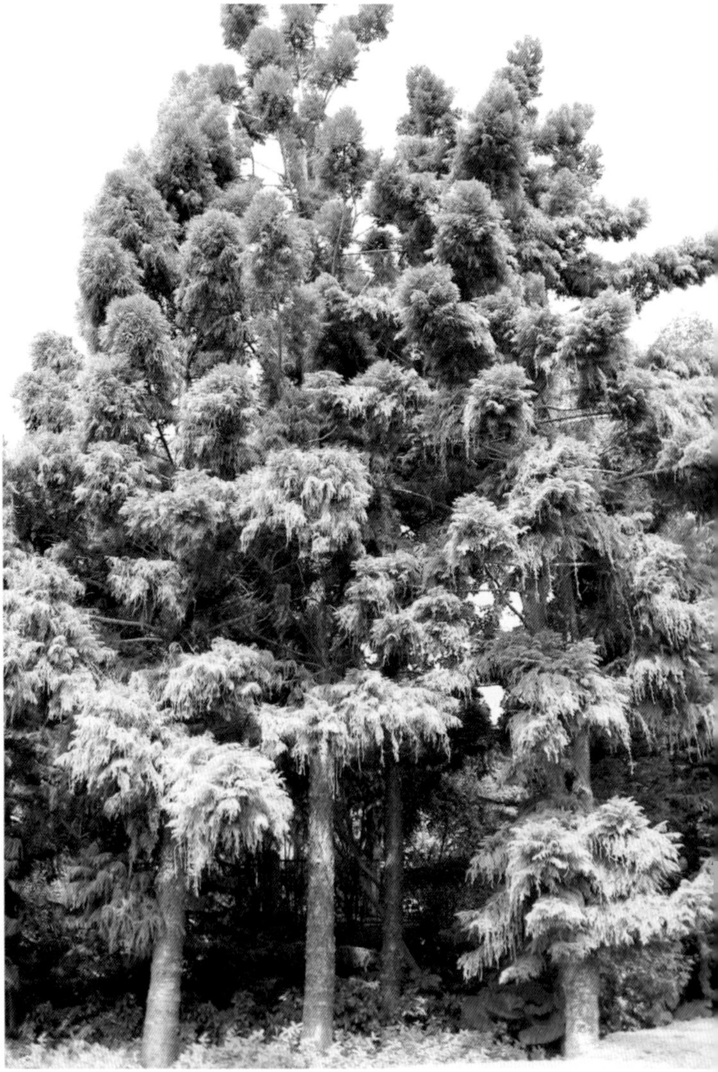

树木类型：

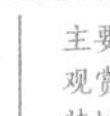

主要观赏特性：

抗风能力：

植物花期

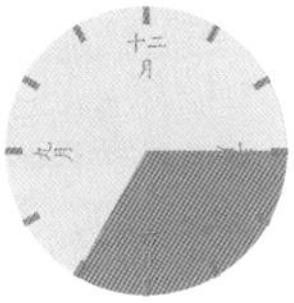

十二月
九月

4—7月

种名：异叶南洋杉

别名：诺和克南洋杉

学名：*Araucaria heterophylla*

科属：南洋杉科 Araucariaceae 南洋杉属 *Araucaria*

产地分布：原产于大洋洲，热带、亚热带地区多有栽培。深圳地区常见栽培。归化树种。

适种区域：
道路绿地：路侧绿带
公园绿地：疏林草地 / 背景林
滨海盐碱地：滨海绿地（含填海区）

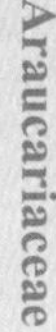

叶

树种简介：

分枝平展，有层次轮生，形成塔形树冠；侧生小枝平展或微下垂，羽状排列。叶二型：幼枝及侧生小枝的叶排列疏松，钻形，向上弯曲；老枝及果枝上的叶排列紧密，三角状卵形。雄球花圆柱形；雌球花圆球形。

树木类型：

主要观赏特性：

抗风能力：
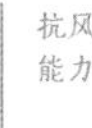

柏科

Cupressaceae

种名：**落羽杉**

别名：落羽松

学名：*Taxodium distichum*

科属：柏科 Cupressaceae 落羽杉属 *Taxodium*

产地分布：原产于北美洲东南部。我国南方广泛栽培。归化树种。

适种区域：
公园绿地：滨水区域

植物花期

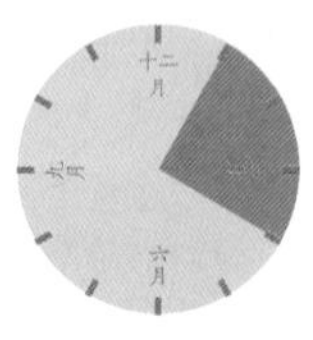

2—4 月

树种简介：

古老的孑遗植物，落叶大乔木，树冠圆锥形。树干通直，干基通常膨大，具膝状呼吸根。叶二型：锥形叶在主枝上呈螺旋状排列，宿存；条形叶在侧生小枝上近羽状排列。球果近圆球形，具短梗，熟时黄褐色。因秋季羽状叶与小枝一同脱落，得名“落羽杉”，入秋后其树叶变为古铜色，为优良的冬色叶树种。

冬色叶景观

叶

球果

树皮

膝状呼吸根

树木类型：

常绿乔木

落叶乔木

主要观赏特性：

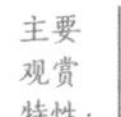

观果

观叶

观干

观花

观姿

抗风能力：

抗风强

抗风中

抗风弱

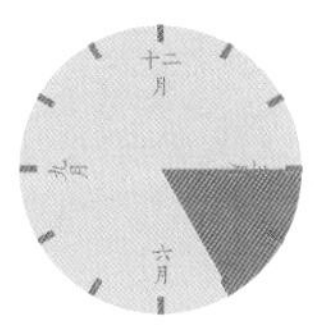
植物花期

4—5月

种名：池杉

别名：池柏

学名：*Taxodium distichum* var. *imbricatum*

科属：柏科 Cupressaceae 落羽杉属 *Taxodium*

产地分布：原产于北美洲东南部。我国南方广泛栽培。归化树种。

适种区域：
公园绿地：滨水区域

树种简介：

池杉原产于北美洲东南部，自20世纪初引入我国长江流域，现许多城市将其作为重要的水网营林树种和园林树种。树冠尖塔形，树干基部膨大，具膝状呼吸根，耐湿性很强，长期在水中也能较正常生长。树皮纵裂成长条状剥落。叶锥形，柔软，螺旋状排列。单性，雌雄同株。果近球形。

冬色叶

球果

树木类型：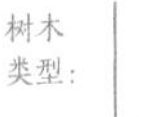   落叶乔木 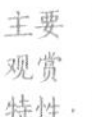

主要观赏特性： 观果  观叶    观姿

抗风能力：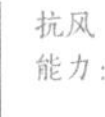  抗风强  

冬色叶景观

树皮

膝状呼吸根

池杉

Taxodium distichum var. *imbricatum*

植物花期

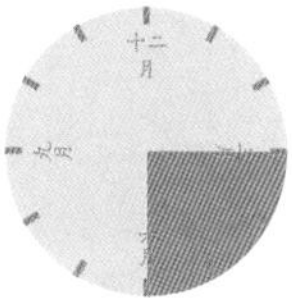

4—6 月

种名：圆柏

别名：柏、桧柏

学名：*Juniperus chinensis*

科属：柏科 Cupressaceae 刺柏属 *Juniperus*

产地分布：原产于我国东北南部及华北等地，北自内蒙古及沈阳以南，南至两广，东分布至沿海各省区，西至四川、云南。朝鲜、日本也有分布。

适种区域：

公园绿地：背景林

树种简介：

幼树树冠尖塔形，老树广圆形。叶二型：幼树全为刺叶，随着树龄的增长，刺形叶逐渐被鳞形叶代替，老树全为鳞叶。雌雄异株，雄球花黄色，椭圆形；雌球花绿色，圆形。球果近圆形，有白粉，熟时褐色。中国古来多配植于庙宇、陵墓作墓道树或柏林，古庭院、古寺庙等风景名胜区多有千年古柏。

球果

树木类型：

常绿乔木

主要观赏特性：

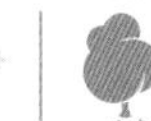

观姿

抗风能力：

抗风强

种名：**龙柏**

别名：珍珠柏、红心柏

学名：*Juniperus chinensis* ‘Kaizuca’

科属：柏科 Cupressaceae 刺柏属 *Juniperus*

特别提示：抗大气污染。

产地分布：原产于我国华北、华东、西南至华南。朝鲜半岛和日本也有分布。温带至亚热带地区广泛栽培。

适种区域：
道路绿地：路侧绿带
公园绿地：背景林

植物花期

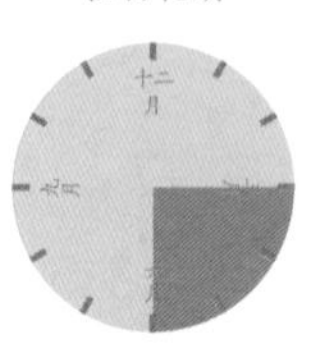

4—6 月

树种简介：

龙柏是圆柏的人工栽培变种，枝条向上直展，常有扭转上升之势，树冠圆锥状或柱状塔形。侧枝螺旋向上，好像盘龙姿态，故名“龙柏”。小枝密，全为鳞叶，幼时淡黄色，后呈翠绿色。球果蓝色，微被白粉。

叶

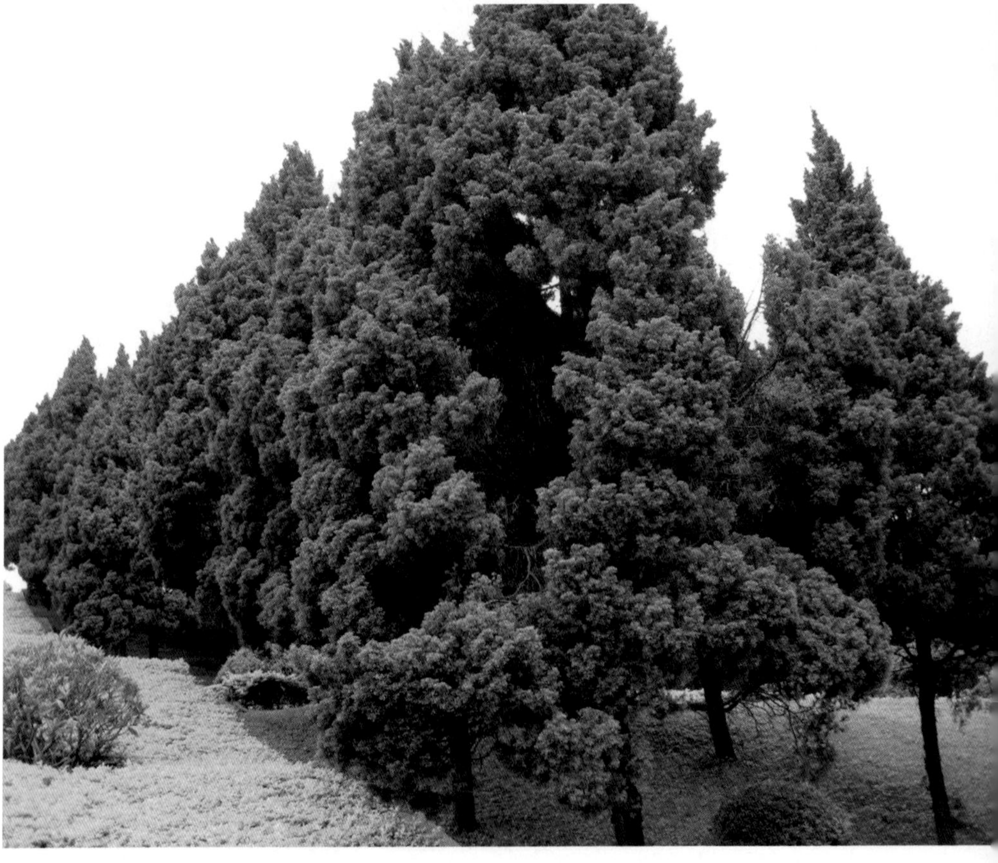

树木类型：

常绿乔木

落叶乔木

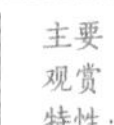
主要观赏特性：

观果

观叶

观干

观花

观姿

抗风能力：

抗风强

抗风中

抗风弱

植物花期

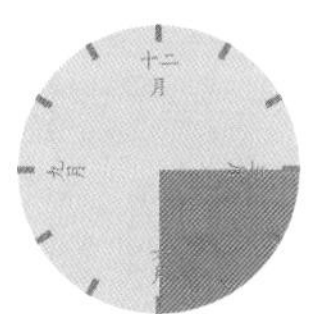

4—6月

种名：罗汉松

别名：罗汉杉、土杉

学名：*Podocarpus macrophyllus*

科属：罗汉松科 Podocarpaceae 罗汉松属 *Podocarpus*

产地分布：原产于我国长江流域及以南各省区。日本也有分布。乡土树种。

适种区域：
道路绿地：渠化岛
公园绿地：广场区域
滨海盐碱地：滨海绿地（含填海区）

特别提示：深圳地区常见的还有其变种短叶罗汉松 *Podocarpus macrophyllus* var. *maki*、兰屿罗汉松 *Podocarpus costalis*。

树种简介：

植株挺拔如松。叶螺旋状排列，条状披针形，先端尖，基部楔形，两面中脉隆起。雄雌异株，雌、雄球花腋生，雄球花穗状。种子卵圆形，成熟时肉质假种皮紫黑色，被白粉，种托肉质圆柱形，红色或紫红色。种子和种托的形状犹如披着袈裟的罗汉，"罗汉松"由此得名。罗汉松可塑性强，为常见的造型植物，也是上等的盆景制作材料。

雄球花

种子与肉质种托

叶

树木类型：

常绿乔木

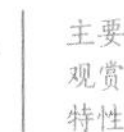

主要观赏特性：

观果

观姿

抗风能力：

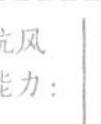

抗风强

短叶罗汉松

Podocarpus macrophyllus var. *maki*

植物花期

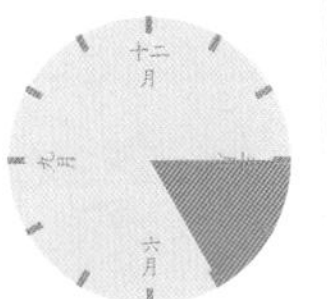

4—5 月

种名：**竹柏**

别名：船家树、铁甲树、猪肝树

学名：*Nageia nagi*

科属：罗汉松科 Podocarpaceae 竹柏属 *Nageia*

产地分布：原产于我国长江流域及以南各省区。日本也有分布。我国南方常见栽培。

适种区域：
道路绿地：路侧绿带
公园绿地：疏林草地

特别提示：易受炭疽病为害，防治参考武三安主编的《园林植物病虫害防治》第 2 版 p101~105。

树种简介：

树冠圆锥形，树皮近光滑，红褐色，呈小块薄片脱落。叶对生，2列，厚革质，长卵形、卵状披针形或披针状椭圆形，似竹而非竹。雌、雄球花单生于叶腋。种子球形，成熟时为紫黑色，有白粉。

雄球花

雄球花（干枯）

种子

树木类型：

常绿乔木

主要观赏特性：

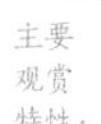

观果

观叶

观姿

抗风能力：

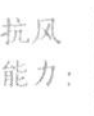

抗风强

种名：**荷花玉兰**

别名：广玉兰、洋玉兰

学名：*Magnolia grandiflora*

科属：木兰科 Magnoliaceae 木兰属 *Magnolia*

产地分布：原产于美国东南部。我国长江流域及以南各城市有栽培。归化树种。

适种区域：
道路绿地：路侧绿带
公园绿地：疏林草地

特别提示：喜温暖湿润气候，要求深厚肥沃、排水良好的酸性土壤。喜阳光，但不耐强阳光或西晒。抗烟尘毒气的能力较强，病虫害少。

植物花期

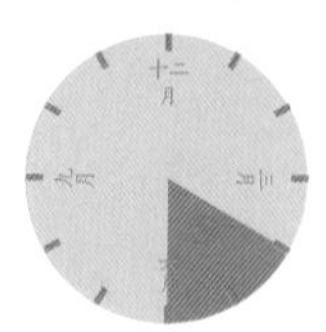

5—6 月

树种简介：

荆州市的市花，常州、镇江、合肥等市的市树。小枝、芽、叶背、叶柄均被红褐色或灰褐色短茸毛。叶厚革质，宽椭圆形、长圆状椭圆形或倒卵状椭圆形。花乳白色，花被片 9~12 枚，厚肉质，具芳香，花大，形似荷花，故称“荷花玉兰”。聚合果圆柱形或卵圆形，密被黄褐色或浅黄褐色茸毛。

花　　叶

树木类型：

常绿乔木

落叶乔木

主要观赏特性：

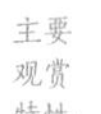
观果

观叶

观干

观花

观姿

抗风能力：

抗风强

抗风中

抗风弱

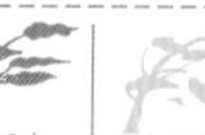

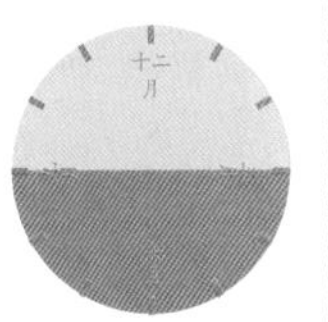

植物花期

4—9月

种名：**白兰**

别名：白兰花

学名：*Michelia* × *alba*

科属：木兰科 Magnoliaceae 含笑属 *Michelia*

产地分布：原产于东南亚至南亚。热带、亚热带地区广泛栽培。归化树种。

适种区域：
道路绿地：行道树 / 分车绿带 / 路侧绿带
公园绿地：广场区域 / 疏林草地 / 停车区域 / 背景林

特别提示：易受台湾绵蚜为害，防治参考武三安主编的《园林植物病虫害防治》第 2 版 p265~268。

树种简介：

广东佛山、安徽芜湖的市花。常绿乔木，高可达 20 m，枝广展，树冠呈阔伞形。叶互生，长椭圆形或椭圆状披针形。花单生于叶腋；花被片 10 枚以上，披针形，白色，极香，常作芳香植物使用。长果为聚合果，疏生穗状。

花

树木类型： 常绿乔木  

主要观赏特性：     观花  观姿

抗风能力： 抗风强   

种名：**黄兰**

别名：黄葛兰、黄玉兰

学名：*Michelia champaca*

科属：木兰科 Magnoliaceae 含笑属 *Michelia*

产地分布：原产于我国西藏东南部、云南南部和西南部。印度、缅甸和越南也有分布。我国热带、亚热带及亚洲其他热带地区广泛栽培。

适种区域：
道路绿地：行道树 / 分车绿带 / 路侧绿带
公园绿地：广场区域 / 疏林草地 / 停车区域 / 背景林

植物花期

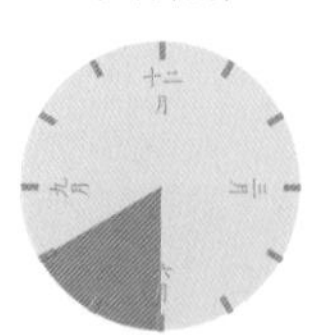

6—7 月

树种简介：

本种未开花时，酷似白兰，但芽、嫩枝、嫩叶和叶柄均被淡黄色平伏柔毛。常绿乔木，高达 10 余米，呈狭伞形树冠。叶薄革质，卵状披针形或椭圆状披针形。花单生，橙黄色，花被片 15~20 枚，具芳香。聚合蓇葖果。

花

聚合蓇葖果

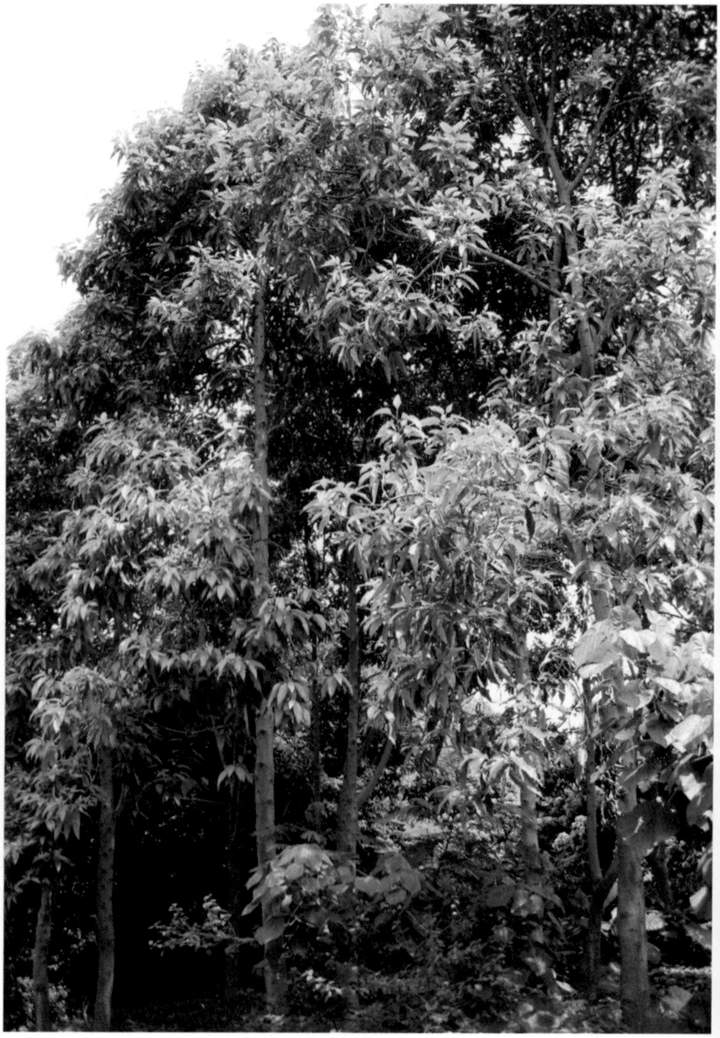

树木类型：

常绿乔木

落叶乔木

主要观赏特性：

观果

观叶

观干

观花

观姿

抗风能力：

抗风强

抗风中

抗风弱

植物花期

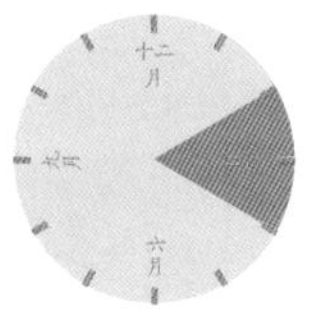

3—4 月

种名：乐昌含笑

别名：南方白兰花、广东含笑、景烈白兰、景烈含笑

学名：*Michelia chapensis*

科属：木兰科 Magnoliaceae 含笑属 *Michelia*

产地分布：原产于我国广东、广西、江西、湖南和贵州。越南也有分布。乡土树种。

适种区域：
道路绿地：行道树 / 分车绿带 / 路侧绿带
公园绿地：疏林草地 / 背景林

树种简介：

1929 年英国植物学家恩第在乐昌市两江镇上茶坪村发现此种，因此而得名。乐昌含笑是少有的以地方名称命名的一种植物。乐昌含笑树干挺拔，树荫浓郁，花香醉人，为优良的园林绿化和观赏树种。叶薄革质，倒卵形或长卵状椭圆形，顶端突尖，基部楔形，上部深绿亮泽，幼叶被微柔毛，后脱落无毛。花黄白色，具芳香，花被片 6 枚。果长圆形或卵圆形。

叶

树木类型：

常绿乔木

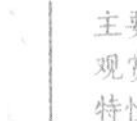

主要观赏特性：

观花

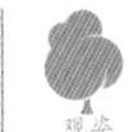

观姿

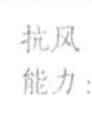

抗风能力：

抗风强

木兰科

Magnoliaceae

种名：醉香含笑

别名：火力楠

学名：*Michelia macclurei*

科属：木兰科 Magnoliaceae 含笑属 *Michelia*

特别提示：抗大气污染。

产地分布：原产于我国广东、海南和广西北部。越南北部也有分布。乡土树种。

适种区域：
道路绿地：分车绿带 / 路侧绿带
公园绿地：疏林草地 / 背景林

植物花期

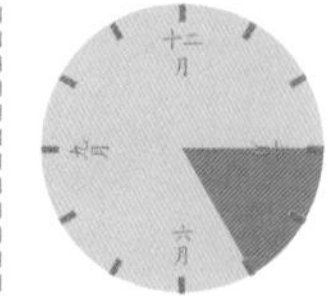

4—5 月

花

树种简介：

芽鳞、幼枝、托叶及苞片被红褐色短毛。叶革质，倒卵形或卵状椭圆形，表面深绿而亮泽，背面被灰白色短柔毛。花白色，多而密，具芳香。聚合果由若干倒卵圆形的果聚集而成。

树木类型：

常绿乔木

落叶乔木

主要观赏特性：

观果

观叶

观干

观花

观姿

抗风能力：

抗风强

抗风中

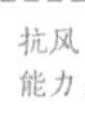
抗风弱

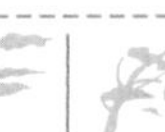

植物花期

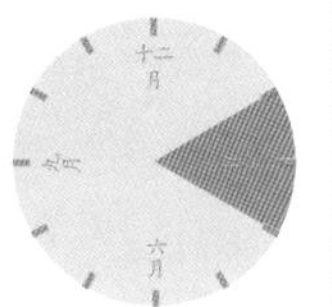

3—4月

种名：**观光木**

别名：香花木、香木楠、宿轴木兰

学名：*Michelia odora*

科属：木兰科 Magnoliaceae 含笑属 *Michelia*

产地分布：原产于我国长江以南地区。越南北部也有分布。乡土树种。

适种区域：

道路绿地：路侧绿带

公园绿地：疏林草地 / 背景林

树种简介：

我国特有的古老孑遗树种，被列为国家珍稀濒危二级保护植物。小枝、芽、叶柄、叶面中脉、叶背和花梗均被黄棕色糙状毛。叶片厚膜质，椭圆形或倒卵状椭圆形，顶端急尖或钝，基部楔形，上面绿色，有光泽。花两性，单生叶腋，淡紫红色，具芳香；花被片 9 枚，3 轮。聚合果长椭圆形。

叶

黄棕色糙状毛

树木类型：

常绿乔木

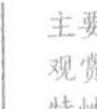

主要观赏特性：

观花

观姿

抗风能力：

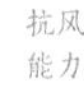

抗风强

种名：**二乔木兰**

别名：朱砂玉兰

学名：*Yulania* × *soulangeana*

科属：木兰科 Magnoliaceae 玉兰属 *Yulania*

产地分布：我国温带至亚热带地区广泛栽培。

适种区域：
道路绿地：路侧绿带
公园绿地：广场区域 / 疏林草地

特别提示：性喜阳光和温暖湿润的气候，对温度很敏感，对低温有一定的抵抗力。南北花期可相差数月，即使在同一地区，每年花期早晚变化也很大。

植物花期

2—3 月

树种简介：

玉兰与紫玉兰的杂交种。分枝直立生长。叶互生，倒卵形。先花后叶，花被片 9 枚，外面紫色，里面白色，因花瓣大型及巨大花量，盛花期整株颇为壮观。聚合果，倒卵形。

花

树木类型：

主要观赏特性：

抗风能力：

植物花期

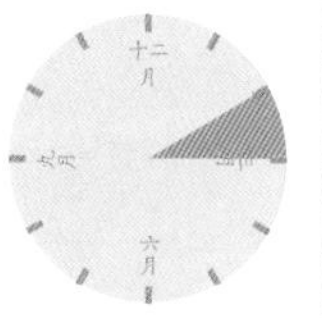

3月

种名：垂枝暗罗

别名：印度塔树

学名：*Polyalthia longifolia* ‘Pendula’

科属：番荔枝科 Annonaceae 暗罗属 *Polyalthia*

产地分布：原产于印度、巴基斯坦和斯里兰卡。我国广东、海南、广西和云南有栽培。

适种区域：
道路绿地：分车绿带 / 路侧绿带
公园绿地：疏林草地

树种简介：

树冠锥形或塔状，酷似佛教中的尖塔，因此又称“印度塔树”，在佛教盛行的地方被视为神圣的宗教植物。侧枝纤细，具下垂性。叶互生，下垂，狭披针形，翠绿色，边缘波状。花腋生或与叶对生，淡黄绿色。果为聚合果。

叶

树木类型：

常绿乔木

主要观赏特性：

观姿

抗风能力：

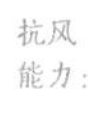

抗风强

樟科

Lauraceae

种名：**阴香**

别名：山肉桂、小桂皮

学名：*Cinnamomum burmannii*

科属：樟科 Lauraceae 樟属 *Cinnamomum*

产地分布：原产于我国广东、海南、广西、福建和云南。亚洲热带地区也有分布。乡土树种。

适种区域：
道路绿地：行道树 / 路侧绿带
公园绿地：疏林草地

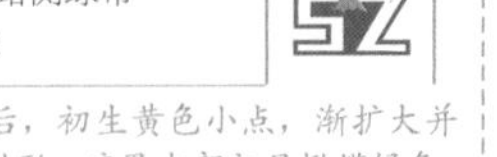

植物花期

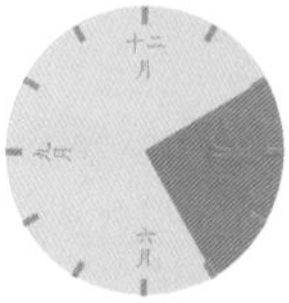

3—5 月

特别提示：阴香粉实病主要为害果实，严重影响采种繁殖。果实受害后，初生黄色小点，渐扩大并突起成锈黄色，先成疱状，渐成瘤状，后全果畸形肿大，呈球形或不规则形。病果内部初呈橄榄绿色，后成褐色并粉末化。

树种简介：

树皮光滑，有肉桂香味。叶革质，卵圆形至披针形，表面亮绿，背面粉绿，离基三出脉，但脉腋无腺点，以此与香樟区别，揉之有香味。新叶淡红色，有明显的季相变化。花小，绿白色。果卵球形，熟时橙黄色。

花序

正常果

遭受阴香粉实病为害的异常果

树木类型：

常绿乔木

主要观赏特性：

观姿

抗风能力：

抗风强

植物花期

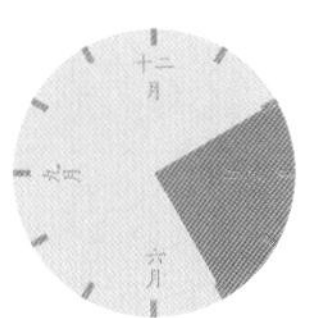

3—5 月

种名：樟树

别名：香樟

学名：*Cinnamomum camphora*

科属：樟科 Lauraceae 樟属 *Cinnamomum*

产地分布：原产于我国广东、海南、广西、福建和云南。亚洲热带地区也有分布。乡土树种。

适种区域：
道路绿地：行道树 / 分车绿带 / 路侧绿带
公园绿地：广场区域 / 疏林草地 / 停车区域 / 背景林

特别提示：抗大气污染。易发生樟天牛、白蚁为害，防治参考武三安主编的《园林植物病虫害防治》第 2 版 p330~335、p372~374。抗大气污染。

花序

果

树种简介：

樟树为亚热带常绿阔叶林的代表树种，为亚热带地区重要的材用和特种经济树种，枝叶具樟脑香味。樟树喜温暖湿润气候，对土壤要求不严，在南方广泛种植，为我国不少城市的市树，如南昌、长沙、杭州等，因其存活期长，可生长成为成百上千年的参天古木。叶互生，卵状椭圆形，表面黄绿色，背面无毛或初时微被短柔毛；离基三出脉。圆锥花序；花黄白色或黄绿色。果卵球形，熟时紫黑色。樟树冠大荫浓，树姿雄伟，对二氧化硫和臭氧有较强的抗性，能散发芳香物质，可作为保健树种使用。

树木类型：

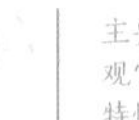

主要观赏特性：

抗风能力：

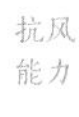

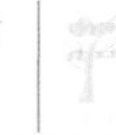

种名：**山鸡椒**

别名：山苍子、木姜子

学名：*Litsea cubeba*

科属：樟科 Lauraceae 木姜子属 *Litsea*

产地分布：原产于我国广东、广西、福建、台湾、浙江、江苏、安徽、湖南、湖北、江西、四川、贵州、云南和西藏。乡土树种。

适种区域：
道路绿地：路侧绿带
公园绿地：疏林草地

植物花期

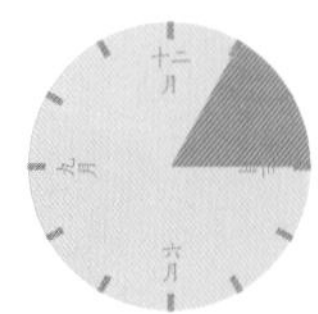

2—3 月

树种简介：

落叶小乔木，雄雌异株，高可达 10 m。山苍子油是精细化工的重要优质原料。因其生长快，耐瘠薄和易繁殖等优点，已成为南方森林演替或更新的先锋树种。枝、叶具芳香。叶互生，披针形或长圆形，纸质，表面深绿色，背面粉绿色。伞形花序单生或簇生，总梗细长，先叶开放或与叶同时开放，花被片 6 枚。果近球形，成熟时黑色。

花序

果

树木类型：

落叶乔木

主要观赏特性：

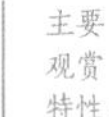

观花

抗风能力：

抗风强

植物花期

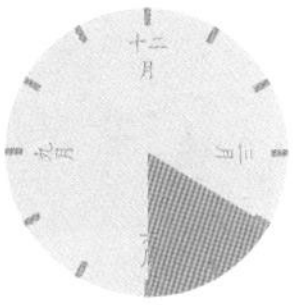

5—6月

种名：**潺槁树**

别名：潺槁木姜子、油槁树、青野槁

学名：*Litsea glutinosa*

科属：樟科 Lauraceae 木姜子属 *Litsea*

产地分布：原产于我国广东、广西、福建和云南。印度、缅甸、菲律宾也有分布。乡土树种。

适种区域：
公园绿地：疏林草地
滨海盐碱地：滨海绿地（含填海区）

果

树种简介：

叶革质，椭圆形，表面深绿色，有光泽，背面淡绿色，全缘。花细小，腋生，淡黄色；浆果球形，成熟时深褐色至黑色。

树木类型：

常绿乔木

主要观赏特性：

观姿

抗风能力：

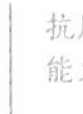
抗风强

樟科

Lauraceae

种名：**浙江润楠**

别名：长序润楠

学名：*Machilus chekiangensis*

科属：樟科 Lauraceae 润楠属 *Machilus*

产地分布：原产于我国华南、华中及华东地区。乡土树种。

适种区域：
道路绿地：路侧绿带
公园绿地：疏林草地

植物花期

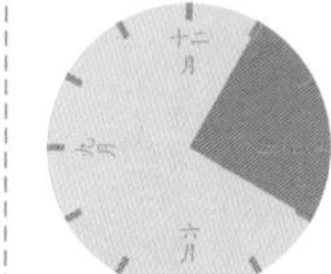

2—4 月

树种简介：

优良的春色叶树种，叶常聚生小枝枝梢，嫩叶红色，倒披针形，先端尾状渐尖，尖头常呈镰状，基部渐狭。花小，黄白色，聚生于小枝条基部成圆锥花序。核果球形。

春色叶

树木类型：

常绿乔木

落叶乔木

主要观赏特性：

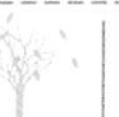
观果

观叶

观干

观花

观姿

抗风能力：

抗风强

抗风中

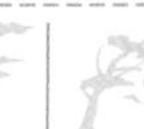
抗风弱

植物花期

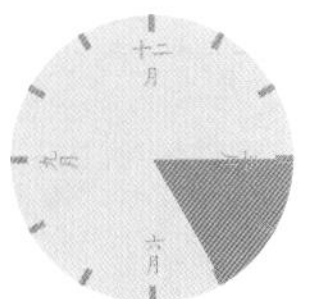

4—5月

种名：**枫香树**

别名：枫香、枫树、路路通

学名：*Liquidambar formosana*

科属：枫香科 Altingiaceae 枫香树属 *Liquidambar*

产地分布：原产于我国秦岭及淮河以南地区。越南、老挝及朝鲜也有分布。乡土树种。

适种区域：
道路绿地：路侧绿带
公园绿地：疏林草地 / 背景林

特别提示：枫香树为冬色叶树种，深圳若出现寒冬，方可见其季相变化。对二氧化硫、氯气等有较强的抗性，并具有耐火性。

枫香科

Altingiaceae

叶

果

树种简介：

树高干直，树皮灰褐色，块状剥落，树脂有芳香。叶掌状3裂，基部心形或截形，裂片先端尖，边缘有锯齿；初冬叶色变黄，落叶前变红。花单性，雌雄同株；雄花排成穗状花序，雌花排成头状花序；花黄绿色。蒴果集成球形果序，宿存花柱及萼齿针刺状。

冬色叶景观

树木类型：

落叶乔木

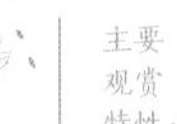

主要观赏特性：

观叶

观姿

抗风能力：

抗风强

种名：**红花荷**

别名：红苞木，吊钟王

学名：*Rhodoleia championii*

科属：金缕梅科 Hamamelidaceae 红花荷属 *Rhodoleia*

产地分布：原产于我国广东和广西。乡土树种。

适种区域：
道路绿地：路侧绿带
公园绿地：疏林草地

植物花期

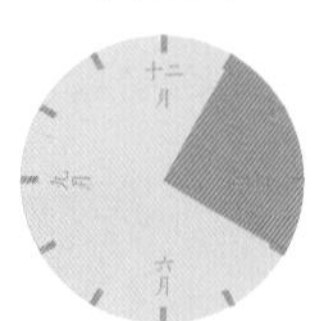

2—4 月

叶

树种简介：

红花荷，本地野生植物，1849年，由占般船长 (Captain Champion) 首次在香港仔的山边发现，按香港法例属于受保护植物。叶互生，厚革质，卵形，先端钝或略尖，基部宽楔形，表面亮绿色，背面灰白色。头状花序，下垂，含小花 5~6 朵；总苞片褐绿色；花瓣匙形，桃红色。头状果序具蒴果 5 个，蒴果卵圆形。

花

树木类型：

常绿乔木

主要观赏特性：

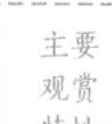

观花

抗风能力：

抗风强

植物花期

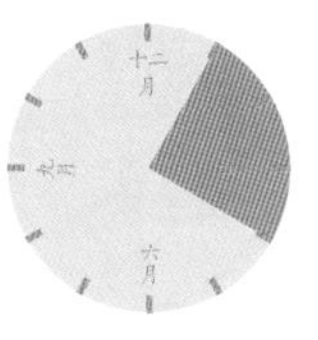

2—4 月

种名：**朴树**

别名：朴、朴仔树、黄果朴

学名：*Celtis sinensis*

科属：大麻科 Cannabaceae 朴属 *Celtis*

特别提示：抗大气污染。其果鸟类喜食。

产地分布：原产于我国长江中下游及以南地区和台湾。越南、老挝也有分布。乡土树种。

适种区域：

道路绿地：路侧绿带

公园绿地：广场区域 / 疏林草地 / 滨水区域 / 背景林

滨海盐碱地：滨海绿地（含填海区）

树种简介：

树冠广伞形，叶阔卵形或圆形，中上部边缘有锯齿，三出脉，基部不对称。单性花与两性花同株，1~3 朵生于叶腋，黄绿色。核果近球形，成熟时红褐色，常可吸引鸟类采食。

果

树木类型：

落叶乔木

主要观赏特性：

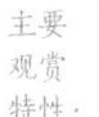

观姿

抗风能力：

抗风强

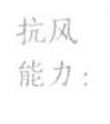

桑科

Moraceae

种名：**面包树**

别名：罗蜜树、马槟榔

学名：*Artocarpus communis*

科属：桑科 Moraceae 波罗蜜属 *Artocarpus*

产地分布：原产于马来西亚热带地区。我国广东、香港、海南、福建、台湾和云南南部有栽培。

适种区域：
道路绿地：路侧绿带
公园绿地：广场区域 / 疏林草地
滨海盐碱地：滨海绿地（含填海区）

特别提示：面包树为热带树种，阳性植物，生长快速。需强光，耐热，耐旱，耐湿。生育适温 23~32℃，大株不易移植。

植物花期

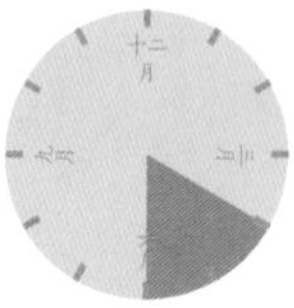

5—6 月

树种简介：

面包树是一种木本粮食植物，也可供观赏。果实切片烤熟后味似面包，由此而得名。树干粗壮，具板根。单叶互生；叶片大，厚革质，卵形至卵状椭圆形；成熟叶羽状分裂。单性花，雌雄同株；雄花先开，花小型，花序呈棍棒状，腋生；雌花序呈球形。聚合果外表布满颗粒状突起，成熟时为黄色。

果

树木类型：

常绿乔木

主要观赏特性：

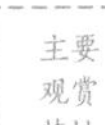

观果

观叶

观姿

抗风能力：

抗风中

植物花期

2—4 月

种名：**波罗蜜**

别名：木波罗、树波罗、菠萝蜜

学名：*Artocarpus heterophyllus*

科属：桑科 Moraceae 波罗蜜属 *Artocarpus*

特别提示：抗大气污染。果实大，可食用。

产地分布：原产于印度，热带地区广布。我国广东、海南、广西和云南有栽培。归化树种。

适种区域：
道路绿地：路侧绿带
公园绿地：疏林草地

桑科

Moraceae

果

叶

树种简介：

树性强健，树冠伞形。叶革质，螺旋状排列，倒卵状椭圆形，表面绿色，有光泽。花单性，雌雄同株；雄花序圆柱形；雌花序生于老枝或树干上，含花数朵。聚花果大型，长圆形，里面包含若干个瘦果，每一个瘦果被肉质化的花萼所包。果实常被称为“水果之王”“热带水果皇后”。

树木类型：

常绿乔木

主要观赏特性：

观果

观姿

抗风能力：

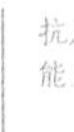

抗风强

桑科

Moraceae

种名：**桂木**

别名：红桂木、将军果

学名：*Artocarpus nitidus* subsp. *lingnanensis*

科属：桑科 Moraceae 波罗蜜属 *Artocarpus*

产地分布：原产于我国广东、海南和广西。亚洲热带地区广泛栽培，深圳地区园林中普遍栽培。乡土树种。

适种区域：
道路绿地：行道树 / 路侧绿带
公园绿地：广场区域 / 疏林草地

植物花期

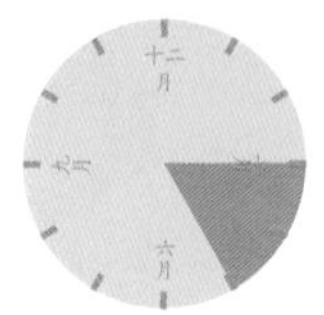

4—5 月

特别提示：易受蚜虫为害，防治参考武三安主编的《园林植物病虫害防治》第 2 版 p265~268。

树种简介：

树皮黑褐色，纵裂，开裂后可以见到红色斑块。叶互生，革质，椭圆形或倒卵状椭圆形，全缘或具不规则浅疏锯齿，表面深绿色，背面淡绿色。雄花序倒卵形；雌花序近球形。聚花果近球形，表面粗糙被毛，成熟红色，肉质，干时褐色。

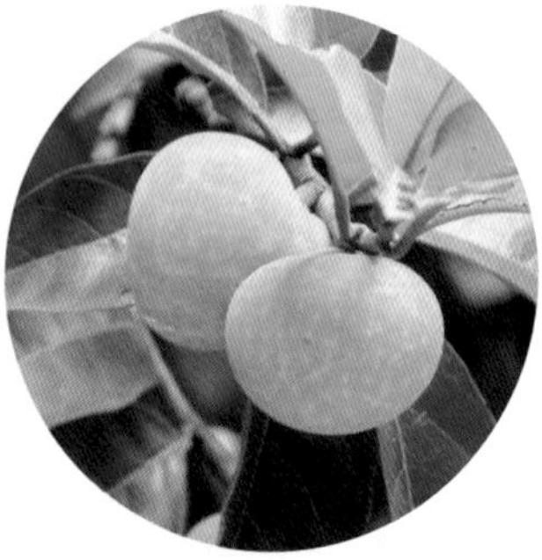

果

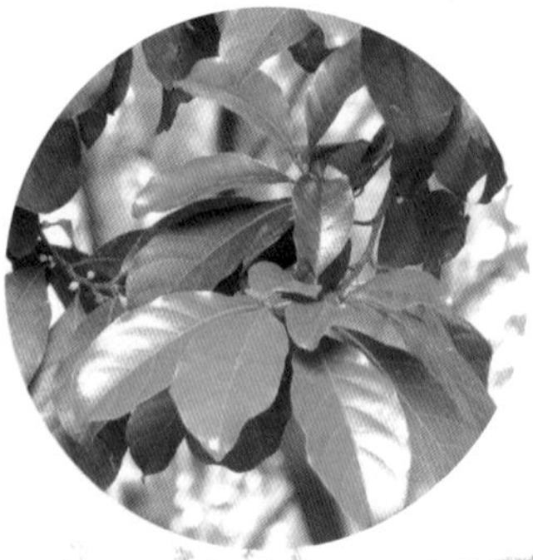

叶

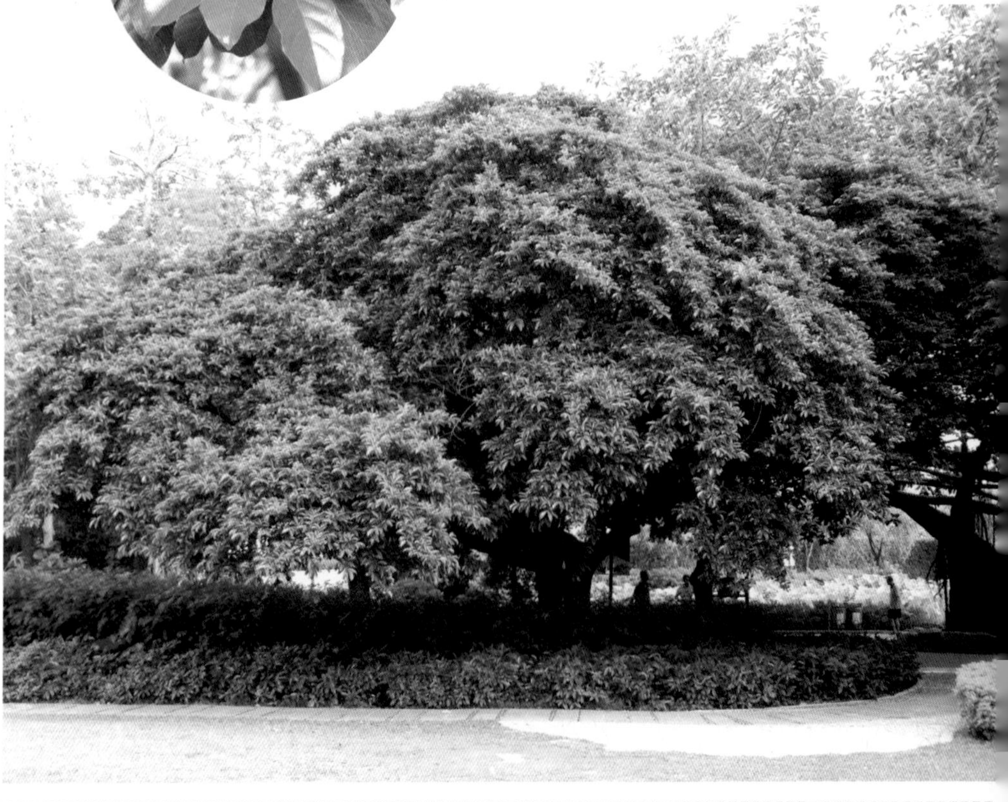

树木类型：

主要观赏特性：

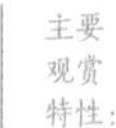

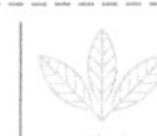

抗风能力：

植物花期

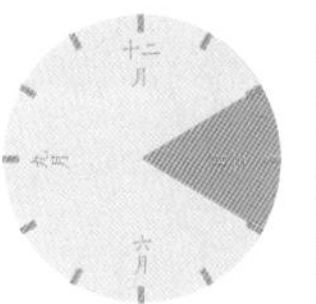

3—4 月

种名：高山榕

别名：高榕

学名：*Ficus altissima*

科属：桑科 Moraceae 榕属 *Ficus*

产地分布：原产于我国广东、广西和云南。亚洲南部至东南部也有分布。热带、亚热带地区多有栽培，深圳栽培甚广。乡土树种。

适种区域：
道路绿地：路侧绿带
公园绿地：广场区域 / 疏林草地
滨海盐碱地：滨海绿地（含填海区）

特别提示：抗大气污染。在深圳常见的还有本种的栽培品种：斑叶高山榕 *Ficus altissima* 'Golden Edged'。

发达的气生根

树种简介：

佛教“五树六花”之一。树冠呈广伞形，具发达气生根。单叶互生，厚革质，广卵形或卵状椭圆形，先端钝尖，基部圆形或近心形，全缘。托叶厚革质，披针形。隐头花序，雌雄同株。果成对腋生，近球形，红色或橙黄色。

果

板根

斑叶高山榕之“斑叶”

斑叶高山榕

Ficus altissima 'Golden Edged'

树木类型：

常绿乔木

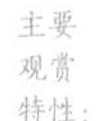

主要观赏特性：

观姿

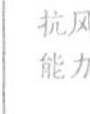

抗风能力：

抗风强

桑科

Moraceae

植物花期

8—11月

种名：**垂叶榕**

别名：垂榕

学名：*Ficus benjamina*

科属：桑科 Moraceae 榕属 *Ficus*

产地分布：原产于我国华南至西南。亚洲南部至大洋洲也有分布。我国南方广泛栽培。乡土树种。

适种区域：
道路绿地：分车绿带 / 路侧绿带
公园绿地：广场区域 / 疏林草地

特别提示：易受榕管蓟马、朱毛红斑蛾为害，防治参考武三安主编的《园林植物病虫害防治》第2版p347~349、p314~315。在深圳常见的还有本种的栽培品种：花斑垂叶榕 *Ficus benjamina* 'Variegata'。隐头花序，花不明显。

树种简介：

垂叶榕枝叶丰满，枝条稍下垂且耐修剪，小苗常用于绿色背景营造，或修剪成植物墙。叶互生，长圆形或椭圆形，顶端尾状渐尖，微外弯，亮绿色。隐头花序单个或对生于叶腋。果球形，成熟时黄色或淡红色。

果

被修剪成植物墙

造型修剪

榕管蓟马为害

朱毛红斑蛾为害

花斑垂叶榕

Ficus benjamina 'Variegata'

树木类型：

常绿乔木

主要观赏特性：

观姿

抗风能力：

抗风强

植物花期

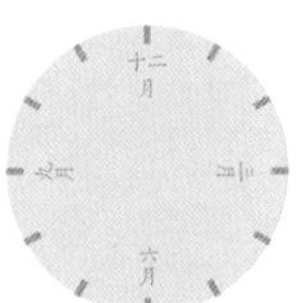

种名：**亚里垂榕**

别名：长叶榕、柳叶榕

学名：*Ficus binnendijkii* 'Alii'

科属：桑科 Moraceae 榕属 *Ficus*

特别提示：隐头花序，花不明显。

产地分布：原产于马来西亚婆罗洲，我国华南地区常见栽培。

适种区域：
道路绿地：渠化岛 / 路侧绿带
公园绿地：疏林草地 / 背景林

树种简介：

小乔木，叶形独特，树冠优美。叶互生，线状披针形，下垂状，革质，全缘，叶背主脉凸出；幼叶褐红色或黄褐色，成长叶亮绿色，富有色彩变化。

叶

树木类型：

常绿乔木

主要观赏特性：

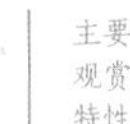

观叶

观姿

抗风能力：

抗风强

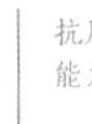

桑科

Moraceae

种名：**橡胶榕**

别名：印度榕、印度橡胶榕

学名：*Ficus elastica*

科属：桑科 Moraceae 榕属 *Ficus*

产地分布：原产于南亚至东南亚，云南有野生。热带、亚热带地区广泛栽培。

适种区域：
道路绿地：路侧绿带
公园绿地：广场区域 / 疏林草地
滨海盐碱地：滨海绿地（含填海区）

植物花期

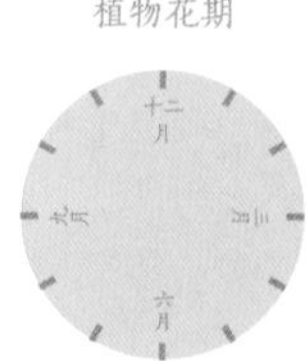

特别提示：在深圳常见的还有本种的栽培品种：黑叶橡胶榕 *Ficus elastica* ‘Decora Burgundy’、斑叶橡胶榕 *Ficus elastica* ‘Variegata’。隐头花序，花不明显。

树种简介：

树冠大，广展，气根强大。叶互生，革质，长椭圆形或椭圆形，全缘，有光泽；托叶单生，深红色。果实成对腋生，卵形，初时黄绿色，熟时紫黑色。热带树种生长快，耐热，耐旱，耐瘠，耐阴，但不耐寒。

叶

树木类型：

常绿乔木

主要观赏特性：

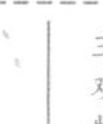

观叶

观姿

抗风能力：

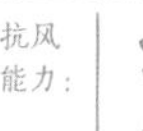

抗风强

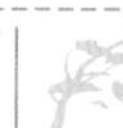

黑叶橡胶榕

叶

Ficus elastica 'Decora Burgundy'

斑叶橡胶榕

叶

Ficus elastica 'Variegata'

桑科

Moraceae

种名：对叶榕

别名：牛奶树、牛奶子、多糯树、稔水冬瓜

学名：*Ficus hispida*

科属：桑科 Moraceae 榕属 *Ficus*

特别提示：隐头花序，花不明显。

产地分布：原产于我国广东、海南、广西、云南和贵州。尼泊尔、锡金、不丹、印度、泰国、越南、马来西亚至澳大利亚也有分布。乡土树种。

适种区域：
公园绿地：滨水区域
滨海盐碱地：滨海绿地（含填海区）

植物花期

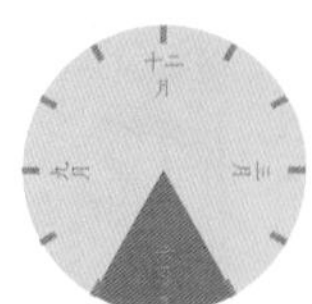

6—7 月

树种简介：

常绿乔木，全株植物含有白色乳汁，常见于我国南方郊野。叶通常对生，厚纸质，卵状长椭圆形或倒卵状矩圆形，全缘或有钝齿，顶端急尖或短尖，基部圆形或近楔形，表面粗糙，被短粗毛，背面被灰色粗糙毛。果腋生或生于落叶枝上，或老茎发出的下垂枝上，陀螺形，成熟时黄色。

茎干与果

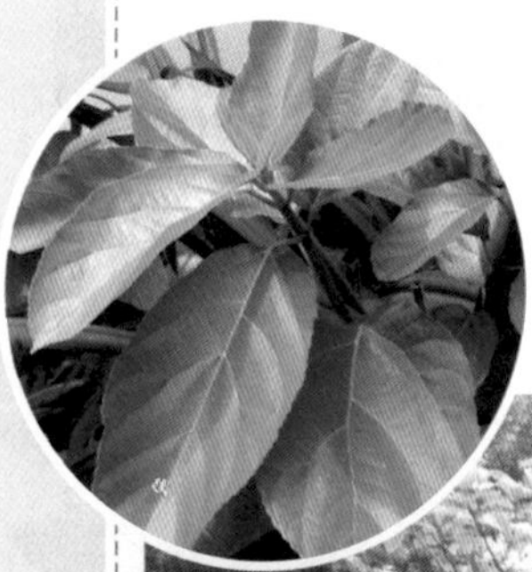

叶

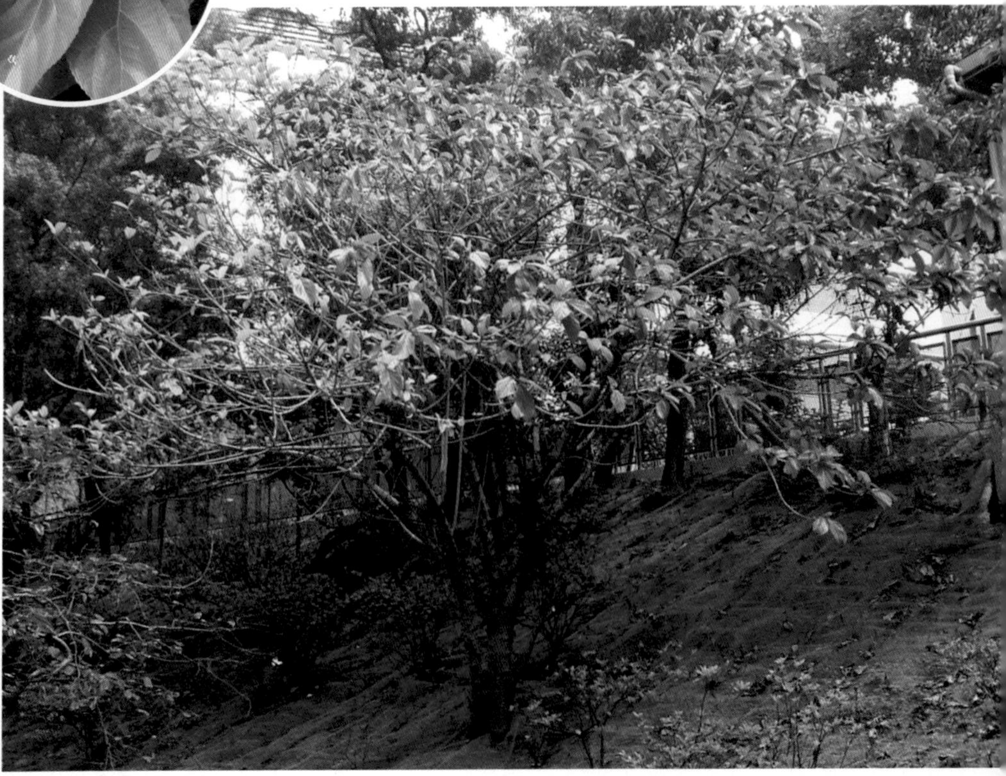

树木类型：

常绿乔木

主要观赏特性：

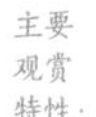

观姿

抗风能力：

抗风强

植物花期

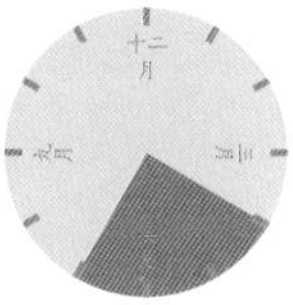

5—7 月

种名：大琴叶榕

别名：枇杷榕

学名：*Ficus lyrata*

科属：桑科 Moraceae 榕属 *Ficus*

特别提示：隐头花序，花不明显。

产地分布：原产于非洲热带地区，现热带地区广泛栽培。我国南方有栽培。

适种区域：
道路绿地：路侧绿带
公园绿地：广场区域 / 疏林草地

树种简介：

叶大型，在榕属植物中较为少见，形似提琴，由此得名"琴叶榕"。茎直立，分枝多，高可达 12 m。果球形，单生或对生于叶腋，绿色，具白色斑。因琴叶榕具较高的观赏价值，有时作为室内观叶植物。

叶与果

树木类型：

常绿乔木

主要观赏特性：

观叶

观姿

抗风能力：

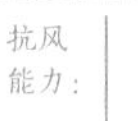

抗风中

种名：**榕树**

别名：小叶榕、细叶榕

学名：*Ficus microcarpa*

科属：桑科 Moraceae 榕属 *Ficus*

产地分布：原产于我国东南部至西南部。亚洲其他热带地区及大洋洲也有分布。乡土树种。

适种区域：
道路绿地：路侧绿带
公园绿地：广场区域 / 疏林草地 / 滨水区域
滨海盐碱地：滨海绿地（含填海区）

植物花期

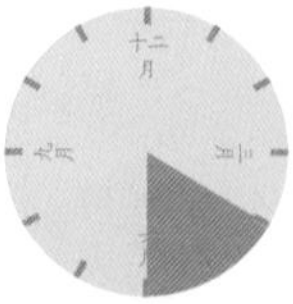

5—6 月

特别提示：抗大气污染。偶受朱毛红斑蛾为害，防治参考武三安主编的《园林植物病虫害防治》第 2 版 p314~315。在深圳常见的还有其栽培品种：乳斑榕 *Ficus microcarpa* ‘Milky’。隐头花序，花不明显。

树种简介：

树冠庞大，伞形，福州市树。老树常有锈褐色气根，气根插入土中，形似树干，能形成独木成林的景观；种子落在其他树上，发芽长大后，其气根可包围老树的树干，形成“树中有树”的景观。叶互生，革质，椭圆形，隐头花序单个或成对生于叶腋。果球形，成熟后淡红色。

果

气生根发达

根系生长影响路面

树木类型：

常绿乔木

落叶乔木

主要观赏特性：
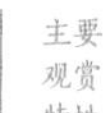
观果

观叶

观干

观花

观姿

抗风能力：
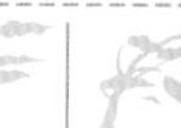
抗风强 抗风中 抗风弱

乳斑榕

Ficus microcarpa ‘Milky’

种名：**菩提树**

别名：菩提榕、思维树

学名：*Ficus religiosa*

科属：桑科 Moraceae 榕属 *Ficus*

产地分布：原产于印度、缅甸和斯里兰卡。亚热带地区广泛栽培。

适种区域：
道路绿地：行道树 / 路侧绿带
公园绿地：广场区域 / 疏林草地 / 停车区域
滨海盐碱地：滨海绿地（含填海区）

植物花期

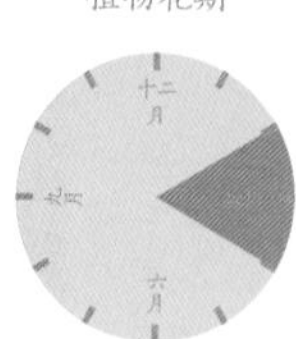

3—4月

特别提示：菩提树喜光，喜高温高湿，不耐霜冻；抗污染能力强，对土壤要求不严，但以肥沃、疏松的微酸性沙壤土为好。隐头花序，花不明显。

树种简介：

佛教“五树六花”之一，相传释迦牟尼是在该树下悟道，故又称“思维树”，佛教僧侣视其为神圣之树，在寺庙中普遍栽培。叶互生，革质，三角状卵形，顶端骤尖成长尾状，新叶红褐色；叶柄纤细，有关节。果扁球形，熟时暗紫色。

叶

树木类型：

常绿乔木

落叶乔木

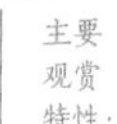
主要观赏特性：

观果

观叶

观干

观花

观姿

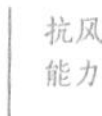
抗风能力：

抗风强

抗风中

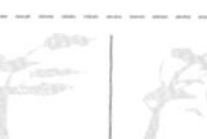
抗风弱

植物花期

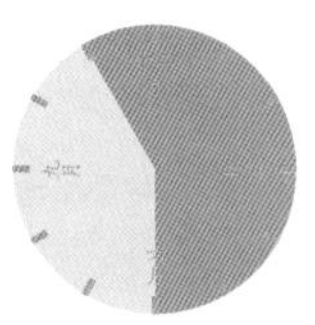

12 月至次年 6 月

种名：斜叶榕

学名：*Ficus tinctoria* subsp. *gibbosa*

科属：桑科 Moraceae 榕属 *Ficus*

产地分布：原产于我国广东、香港、广西、贵州和云南。亚洲南部至大洋洲也有分布。乡土树种。

适种区域：
公园绿地：疏林草地

特别提示：隐头花序，花不明显。

树种简介：

小乔木，幼时多附生，树皮微粗糙，小枝褐色。叶革质，椭圆形，顶端钝或急尖，全缘。榕果单生或成对腋生，球形。因其叶片中脉非居中排列而偏向一侧，得名“斜叶榕”。

叶

树木类型：

常绿乔木

主要观赏特性：

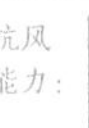

观姿

抗风能力：

抗风强

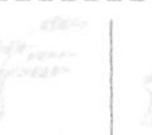

桑科

Moraceae

种名：**黄葛榕**

别名：大叶榕、黄葛树、黄槲树

学名：*Ficus virens* var. *sublanceolata*

科属：桑科 Moraceae 榕属 *Ficus*

特别提示：隐头花序，花不明显。

产地分布：原产于我国南部至西南部。亚洲南部至大洋洲也有分布。我国南方普遍栽培。乡土树种。

适种区域：

道路绿地：路侧绿带

公园绿地：广场区域 / 疏林草地

滨海盐碱地：滨海绿地（含填海区）

植物花期

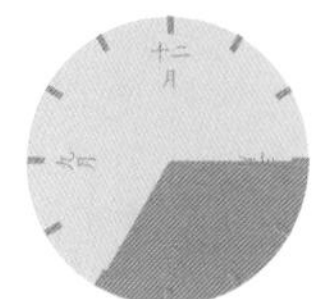

4—7 月

树种简介：

黄葛榕是重庆及四川达州、遂宁的市树，是南方少有呈现季相变化的树种。春季，嫩叶显黄绿色，大量苞叶状托叶从树上落下，营造出一种落英缤纷的氛围；秋冬季，树叶渐渐转变成黄色，黄葛榕为南方提供罕有的冬色叶景观。叶互生，长圆形或长圆状卵形。隐头花序单个或成对生于叶腋或已落叶的小枝上，几无总梗。果成熟时黄色或淡红色。

春季嫩叶景观

叶

树木类型：

常绿乔木

落叶乔木

主要观赏特性：

观果

观叶

观干

观花

观姿

抗风能力：

抗风强

抗风中

抗风弱

植物花期

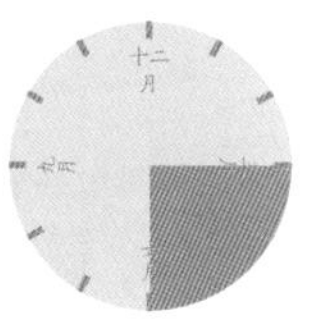

4—6 月

种名：**黧蒴锥**

别名：黧蒴、黧蒴栲

学名：*Castanopsis fissa*

科属：壳斗科 Fagaceae 锥栗属 *Castanopsis*

产地分布：原产于我国广东、香港、广西、海南、福建、江西、湖南、贵州和云南。越南北部也有分布。乡土树种。

适种区域：
公园绿地：背景林

树种简介：

华南地区常用造林树种，盛花季节，满树白花，颇为壮观。叶互生，长圆形至倒披针状长圆形，边缘有波状齿，背面有灰黄色鳞秕。花单性，雌雄同株，雄花排成圆锥花序，黄白色。全包坚果，坚果卵形。

盛花期景观

树木类型：

常绿乔木

主要观赏特性：

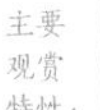

观花

观姿

抗风能力：

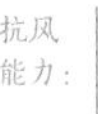

抗风强

种名：**木麻黄**

别名：短枝木麻黄、驳骨松

学名：*Casuarina equisetifolia*

科属：木麻黄科 Casuarinaceae 木麻黄属 *Casuarina*

产地分布：原产于大洋洲。现美洲热带地区和亚洲东南部沿海地区广泛栽培，广东、广西、福建和台湾等沿海地区普遍栽培。归化树种。

适种区域：
道路绿地：路侧绿带
公园绿地：疏林草地 / 滨水区域 / 背景林
滨海盐碱地：滨海绿地（含填海区）

植物花期

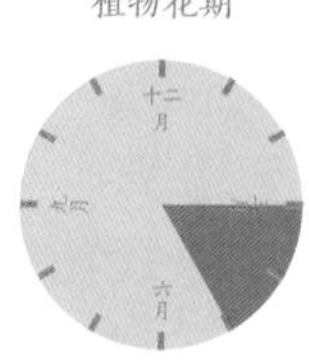

4—5 月

树种简介：

华南沿海地区造林最适树种，凡沙地和海滨地区均可栽植，其防风固沙作用良好。树冠圆锥塔形，树姿犹如针叶树。枝条褐色，有密节，下垂，小枝灰绿色，有 7 纵棱。叶退化成鳞片状，淡褐色，多枚轮生。花单性，雌雄同株，无花被；雄花序穗状，雌花序近头状。果序近球形。

花序

果

树木类型：  常绿乔木 

主要观赏特性：  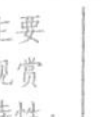    观姿

抗风能力：   抗风强  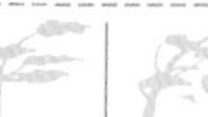

植物花期

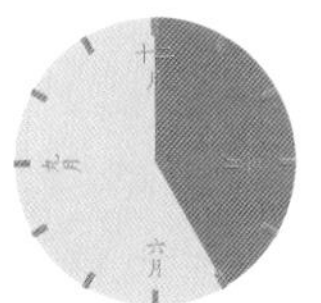

1—5月

种名：**五桠果**

别名：第伦桃、桠果木

学名：*Dillenia indica*

科属：五桠果科 Dilleniaceae 五桠果属 *Dillenia*

产地分布：我国分布于云南省南部，也见于印度、斯里兰卡、中南半岛、马来西亚及印度尼西亚等地。广东有引种。

适种区域：
道路绿地：分车绿带 / 路侧绿带
公园绿地：疏林草地 / 停车区域

叶

花

果

树种简介：

常绿乔木，高达 25 m，树冠开展，亭亭如盖。叶薄革质，矩圆形或倒卵状矩圆形，羽状脉明显，边缘有明显锯齿，齿尖锐利，叶柄有狭窄的翅。花单生于枝顶叶腋内，萼片 5 片，肥厚肉质，近于圆形，花瓣白色，倒卵形。果实圆球形，不裂开，宿存萼片肥厚，稍增大。

树木类型：

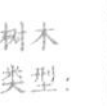

常绿乔木

主要观赏特性：

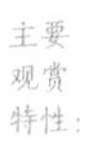

观果

观花

观姿

抗风能力：

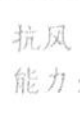

抗风强

种名：**大花五桠果**

别名：大花第伦桃、枇杷果

学名：*Dillenia turbinata*

科属：五桠果科 Dilleniaceae 五桠果属 *Dillenia*

产地分布：原产于海南、广西和云南。越南也有分布。我国南方有栽培。

适种区域：
道路绿地：分车绿带 / 路侧绿带
公园绿地：疏林草地 / 停车区域

植物花期

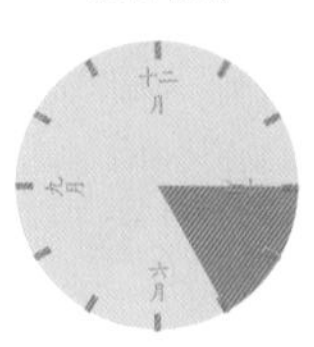

4—5 月

树种简介：

常绿乔木，喜高温、湿润、阳光充足的环境。叶互生，长圆形，叶背及嫩枝有褐锈色茸毛。总状花序有 2~4 朵花，花大；花萼淡黄绿色；花瓣 5 枚，黄色。浆果球形，被膨大的萼片包裹，宛如花苞，成熟时红色。

花

果

树木类型： 常绿乔木  落叶乔木

主要观赏特性： 观果  观叶  观干  观花  观姿

抗风能力： 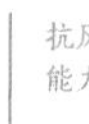  抗风强  抗风中 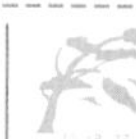 抗风弱

植物花期

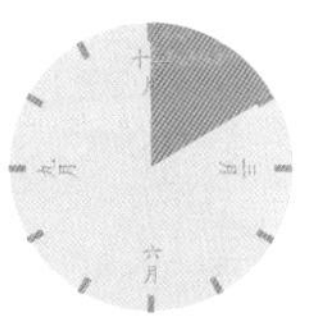

1—2月

种名：**红皮糙果茶**

别名：克氏茶

学名：*Camellia crapnelliana*

科属：山茶科 Theaceae 山茶属 *Camellia*

产地分布：原产于我国香港、广西、福建、江西和浙江。乡土树种。

适种区域：
公园绿地：广场区域 / 疏林草地

叶

枝干

果

树种简介：

高可达 2~10 m，树皮红褐色。叶硬革质，倒卵状椭圆形至椭圆形，先端短尖，叶缘细锯齿状。花单生，顶生，花冠白色。蒴果球形，果期 11 月。红皮糙果茶株形美观，花大、果大，可作为优良的景观树种和荒山林分改造之用。因其独特的树皮颜色和粗糙果皮，得名“红皮糙果茶”。

树木类型：

常绿乔木

主要观赏特性：

观干

观花

抗风能力：

抗风强

种名：**木荷**

别名：荷木

学名：*Schima superba*

科属：山茶科 Theaceae 木荷属 *Schima*

产地分布：原产于我国华东、华南至西南地区。乡土树种。

适种区域：
道路绿化：路侧绿带
公园绿地：疏林草地 / 背景林

特别提示：偶受小地老虎、金龟子为害，防治参考武三安主编的《园林植物病虫害防治》第 2 版 p365~386、p358~362。

植物花期

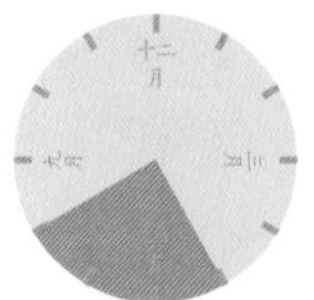

6—8 月

树种简介：

木荷既是一种优良的绿化、用材树种，又具较好的耐火、抗火、难燃特性，是华南地区防火林带主要树种。大乔木，高可达 20 m，树冠浑圆。叶革质，椭圆形，先端尖锐，侧脉在两面明显，叶缘锯齿状。花生于枝顶叶腋，白色，夏季白花满树，极具观赏性。

花

叶

树木类型：

常绿乔木

主要观赏特性：
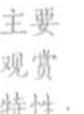

观花

观姿

抗风能力：

抗风强

植物花期

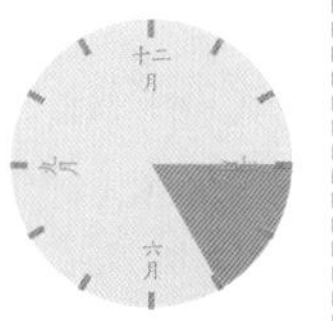

4—5 月

种名：**岭南山竹子**

别名：岭南倒捻子、黄牙树

学名：*Garcinia oblongifolia*

科属：藤黄科 Clusiaceae 藤黄属 *Garcinia*

产地分布：原产于我国广东、广西。越南北部也有分布。乡土树种。

适种区域：
公园绿地：疏林草地

树种简介：

高可达 5~15 m，树皮深灰色。叶革质，长圆形、倒披针形或卵状长圆形。花小，单生或呈伞形聚伞花序，花瓣橙黄色或淡黄色。浆果卵球形或圆球形，果期 8—11 月，可食用。

叶

树木类型：

常绿乔木

主要观赏特性：

观果

观花

观姿

抗风能力：

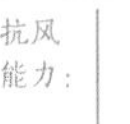

抗风中

藤黄科

Clusiaceae

种名：**菲岛福木**

别名：福木、福树

学名：*Garcinia subelliptica*

科属：藤黄科 Clusiaceae 藤黄属 *Garcinia*

产地分布：原产于我国台湾。日本、菲律宾、斯里兰卡及印度尼西亚也有分布。

适种区域：
道路绿化：分车绿带 / 路侧绿带
公园绿地：疏林草地

植物花期

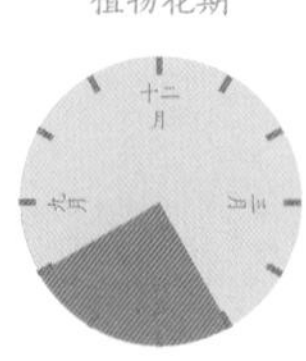

6—8 月

树种简介：

小乔木，生长缓慢，寿命长，树冠常呈圆锥状。叶对生，厚革质，先端钝或微凹，叶色终年碧绿青翠，树姿苍劲典雅。花小，单生于叶腋，乳黄色。浆果长圆形，成熟后金黄色。性喜高温，生长适温23~32℃。

叶

花

果

树木类型：

常绿乔木

落叶乔木

主要观赏特性：

观果

观叶

观干

观花

观姿

抗风能力：

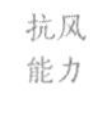

抗风强

抗风中

抗风弱

植物花期

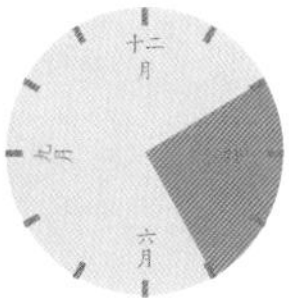

3—5 月

种名：**铁力木**

别名：铁梨木

学名：*Mesua ferrea*

科属：红厚壳科 Calophyllaceae 铁力木属 *Mesua*

产地分布：原产于我国云南、广西。印度、斯里兰卡、孟加拉国、泰国及中南半岛至马来半岛也有分布。

适种区域：
道路绿化：行道树 / 分车绿带 / 路侧绿带
公园绿地：疏林草地

叶

果

树种简介：

高可达 20~30 m。树干通直，具板状根，树冠锥形，树皮薄片状开裂，创伤处渗出带香气的白色树脂。木材材质重，坚硬强韧，耐磨抗虫害，是特种工业用材。嫩叶黄红色，老时深绿色，革质，通常下垂，披针形或狭卵状披针形，叶下面通常被白粉。花顶生或腋生，花瓣白色，有香气。果卵球形，种子含油量达 78.99%，是很好的工业油料。

树木类型：

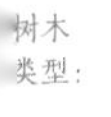

常绿乔木

落叶乔木

主要观赏特性：

观果

观叶

观干

观花

观姿

抗风能力：

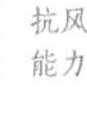

抗风强

抗风中

抗风弱

种名：**长芒杜英**

别名：毛果杜英、尖叶杜英

学名：*Elaeocarpus apiculatus*

科属：杜英科 Elaeocarpaceae 杜英属 *Elaeocarpus*

产地分布：原产于我国云南、广东和海南。中南半岛及马来西亚也有分布。乡土树种。

适种区域：
道路绿化：行道树 / 分车绿带 / 路侧绿带
公园绿地：疏林草地 / 停车区域

植物花期

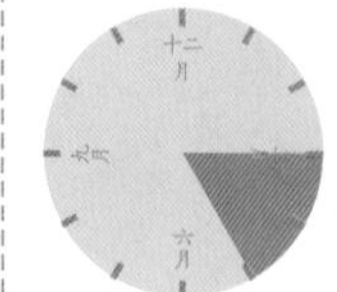

4—5 月

花

果

树种简介：

优良的木本花卉、园林风景树，高可达 30 m。叶聚生枝顶，革质，倒卵状披针形，叶下面初时有短柔毛，不久变秃净，仅在中脉上面有微毛。盛花期一串串总状花序悬垂于枝梢，有如悬挂了层层白色的流苏，迎风摇曳。

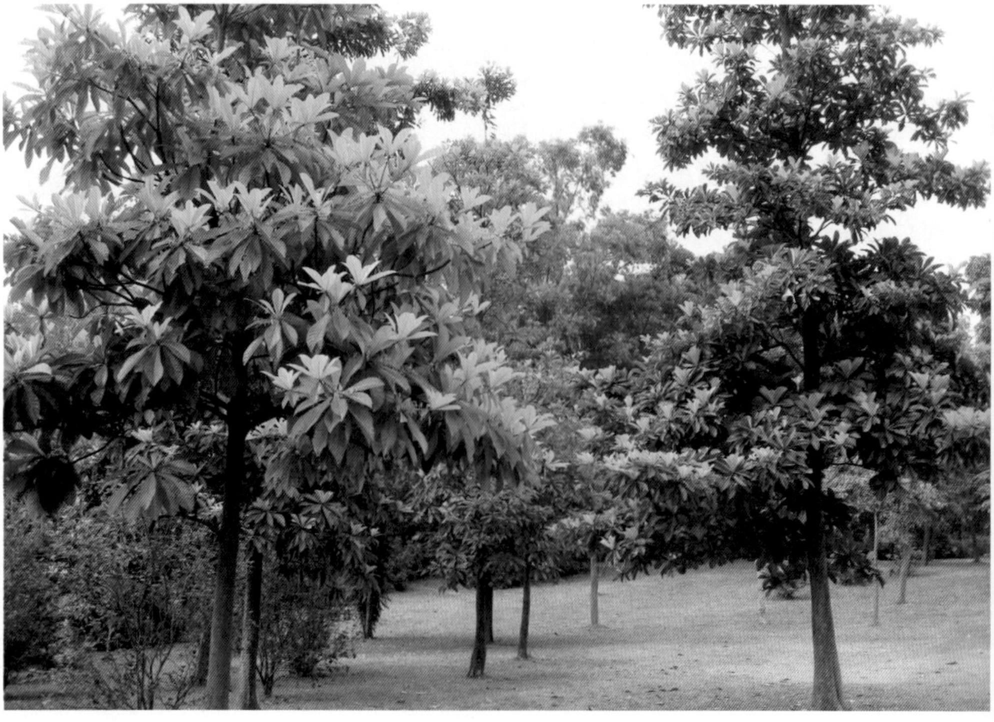

树木类型：

主要观赏特性：

抗风能力：

长芒杜英

Elaeocarpus apiculatus

杜英科

Elaeocarpaceae

种名：**水石榕**

别名：海南杜英、海南胆八树、水柳树

学名：*Elaeocarpus hainanensis*

科属：杜英科 Elaeocarpaceae 杜英属 *Elaeocarpus*

产地分布：原产于我国海南、广西和云南。越南、泰国也有分布。

适种区域：

道路绿化：路侧绿带

公园绿地：疏林草地 / 滨水区域

植物花期

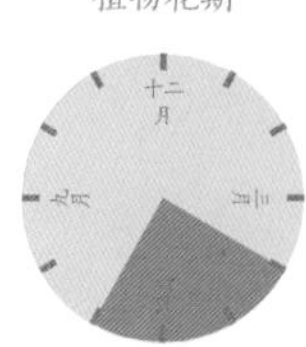

5—7 月

叶

花

果

树种简介：

高可达 8 m。叶革质，狭窄倒披针形，先端尖，聚生枝顶。总状花序腋生，先端流苏状撕裂，花期长，花冠洁白淡雅。果纺锤形，果期 8—9 月。喜半阴，深根性，抗风力较强，不耐干旱，喜湿但不耐积水。

树木类型：

常绿乔木

落叶乔木

主要观赏特性：

观果

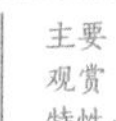

观叶

观干

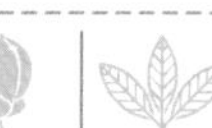

观花

观姿

抗风能力：

抗风强

抗风中

抗风弱

植物花期

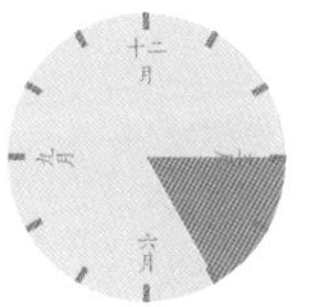

4—5月

种名：**山杜英**

别名：羊屎树、羊仔树

学名：*Elaeocarpus sylvestris*

科属：杜英科 Elaeocarpaceae 杜英属 *Elaeocarpus*

产地分布：原产于我国广东、福建、台湾、浙江和江西。越南、老挝、泰国也有分布。乡土树种。

适种区域：
道路绿化：路侧绿带
公园绿地：疏林草地

冬色叶

树种简介：

小乔木。叶纸质，倒卵形或倒披针形，先端钝，叶缘有细锯齿。花序顶生枝顶叶腋内，花黄白色。根系发达，耐修剪。秋、冬至早春部分树叶变为绯红色，红绿相间，颇为美丽。对二氧化硫抗性较强，适合工矿区和防护林绿地使用。

树木类型：

常绿乔木

主要观赏特性：

观叶

观花

抗风能力：

抗风强

文定果科

Muntingiaceae

种名：**文定果**

别名：西印度樱桃

学名：*Muntingia calabura*

科属：文定果科 Muntingiaceae 文定果属 *Muntingia*

特别提示：鸟嗜植物。

产地分布：原产于美洲热带地区。我国华南地区有引进栽培，现已逸为野生。

适种区域：

道路绿化：路侧绿带

公园绿地：疏林草地 / 背景林

植物花期

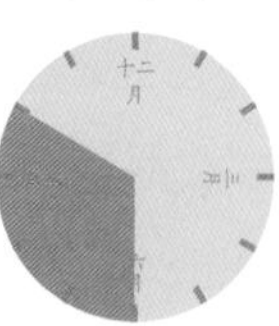

7—10 月

树种简介：

速生树种，高可达 6 m。侧枝平展。叶纸质，长椭圆状卵形，先端尖，叶缘锯齿状。花冠白色。果球形，成熟之后香甜可口，叶可代茶，花果期几乎全年。阳性树种，喜温暖湿润气候，对土壤要求不严，抗风能力强，种子成熟后遇到适宜的生长环境可在野外自行繁衍成当地的野果。

花

果

树木类型：

常绿乔木

落叶乔木

主要观赏特性：

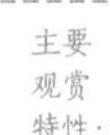

观果

观叶

观干

观花

观姿

抗风能力：

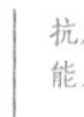

抗风强

抗风中

抗风弱

植物花期

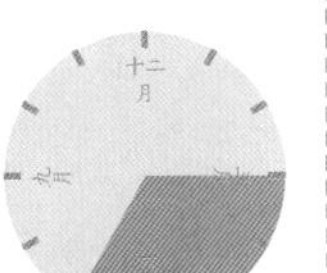

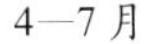
4—7 月

种名：澳洲火焰木

学名：*Brachychiton acerifolius*

科属：锦葵科 Malvaceae 瓶干树属 *Brachychiton*

产地分布：原产于澳大利亚。

适种区域：
道路绿化：行道树 / 渠化岛 / 路侧绿带
公园绿地：广场区域 / 疏林草地

叶

花

树种简介：

主干通直，树形有层次感，株形立体感强。叶片宽大，叶互生，掌状裂叶 7~9 裂，裂片再呈羽状深裂，先端锐尖，革质。圆锥花序。花的形状像小铃钟或小酒瓶，先叶开放，量大而红艳，一般可维持 30~40 天。蓇果长圆状棱形，近木质。生长速度快，整株成塔形或伞形，树形十分优美；叶形优雅，四季葱翠美观，花色艳丽，花量丰富，春夏开花，花开满树，色彩鲜红，是一种相当好的观赏树种。

树木类型：

落叶乔木

主要观赏特性：

观叶

观花

观姿

抗风能力：

抗风强

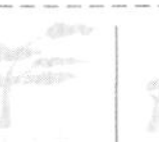

种名：**澳洲瓶干树**

别名：昆士兰瓶干树、瓶树

学名：*Brachychiton rupestris*

科属：锦葵科 Malvaceae 瓶干树属 *Brachychiton*

产地分布：原产于澳大利亚。

适种区域：
道路绿化：渠化岛
公园绿地：广场区域 / 疏林草地

特别提示：偶受尺蛾、夜蛾为害，防治参考武三安主编的《园林植物病虫害防治》第 2 版 p293~295、p302~307。

植物花期

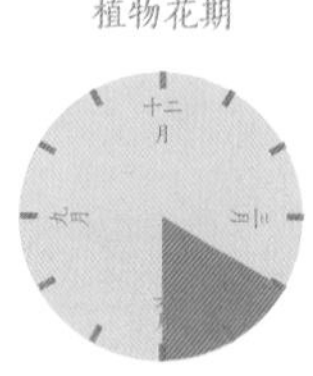

5—6 月

树种简介：

高可达 20 m，树干上半部的树皮绿色，下半部的树皮龟裂。叶型有极大的变异，苗木时为深裂的掌状叶，成株逐渐转变以披针形的叶为主；花似风铃，成熟的果开裂为船形，花果隐蔽在枝叶中，并不明显。

树木类型：

常绿乔木

落叶乔木

主要观赏特性：

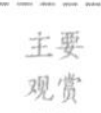
观果

观叶

观干

观花

观姿

抗风能力：

抗风强

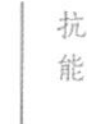
抗风中

抗风弱

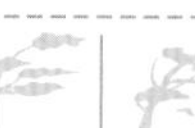

植物花期

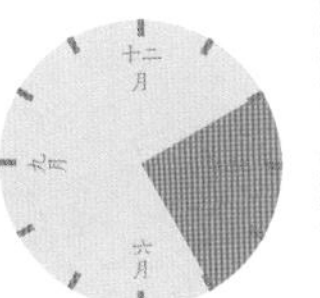

3—5 月

种名：**长柄银叶树**

别名：大叶银叶树

学名：*Heritiera angustata*

科属：锦葵科 Malvaceae 银叶树属 *Heritiera*

产地分布：原产于我国海南、云南。柬埔寨也有分布。

适种区域：
道路绿化：路侧绿带
公园绿地：疏林草地 / 滨水区域
滨海盐碱地：滨海绿地（含填海区）

特别提示：典型的半红树植物，对护岸防风、净化水体、减少赤潮、美化景观等方面，有着陆地森林不可替代的作用。

树种简介：

海漂植物，即果外皮具有充满空气的海绵组织，能使之漂浮海面并传播至远方。心材灰褐色，结构细密，质坚而重，不受虫蛀，耐水浸泡，为做船板的良材。叶革质，矩圆状披针形，叶背被银白色或带金黄色的鳞秕，叶柄长较长，通常有 2~9 cm，因得此名。圆锥花序顶生或腋生，粉红色细小，一朵朵圆筒状的花苞，密密麻麻，铺天盖地的粉红装饰了整个枝条，随风轻晃，摇曳多姿。果为核果状椭圆形。

叶

果

花序

树木类型：

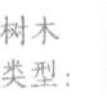

常绿乔木

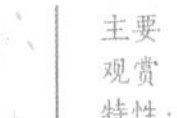
落叶乔木

主要观赏特性：

观果

观叶

观干

观花

观形

抗风能力：

抗风强

锦葵科

Malvaceae

种名：**银叶树**

学名：*Heritiera littoralis*

科属：锦葵科 Malvaceae 银叶树属 *Heritiera*

产地分布：原产于我国广东、广西和台湾。印度、越南和东南亚各国也有分布。乡土树种。

适种区域：
公园绿地：疏林草地 / 滨水区域
滨海盐碱地：滨海绿地（含填海区）
沿海滩涂基干林带

植物花期

4—5 月

特别提示：板根极发达，似迷宫。深圳坝光海边现今仍保存完好一片古银叶树林，是海岸防风固沙的优良树种。

树种简介：

热带海岸红树林的树种之一，海漂植物，属典型的水陆两栖的半红树植物。树皮灰黑色，嫩枝被白色鳞秕。叶革质，叶长圆状披针形，叶背密被银白色鳞片，"银叶树"由此得名。叶柄长 1~2 cm。圆锥花序生于叶腋，花红褐色。木材坚硬，为建筑、造船和制家具的良材。

花序

叶

果

谢花景观

发达的板根

树木类型：

常绿乔木

落叶乔木

主要观赏特性：

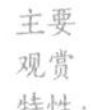

观叶

抗风能力：

抗风强

抗风中

抗风弱

植物花期

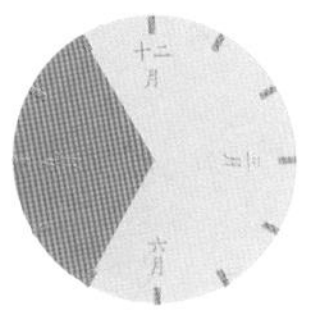

8—11 月

种名：翻白叶树

别名：半枫荷、异叶翅子树

学名：*Pterospermum heterophyllum*

科属：锦葵科 Malvaceae 翅子树属 *Pterospermum*

特别提示：抗污染性强。

产地分布：原产于我国广西、广东和福建。乡土树种。

适种区域：

道路绿化：路侧绿带

公园绿地：疏林草地 / 背景林

树种简介：

本种在广东通称半枫荷，根可入药，枝皮还可用以编绳，高可达 20 m。叶有二型，生于幼树或萌蘖枝上的叶盾形，掌状 3~5 裂，生于成树上的叶矩圆形至卵状矩圆形，叶背密被黄褐色星状短柔毛。花单生或 2~4 朵组成腋生的聚伞花序。蒴果木质，种子具膜质翅。

叶

蒴果

树木类型：

常绿乔木

主要观赏特性：

观叶

抗风能力：

抗风中

种名：**假苹婆**

别名：鸡冠木、赛苹婆

学名：*Sterculia lanceolata*

科属：锦葵科 Malvaceae 苹婆属 *Sterculia*

产地分布：原产于我国华南和西南地区。中南半岛也有分布。乡土树种。

适种区域：
道路绿化：行道树 / 路侧绿带
公园绿地：广场区域 / 疏林草地
滨海盐碱地：滨海绿地（含填海区）

特别提示：偶受金龟子成虫为害，防治参考武三安主编的《园林植物病虫害防治》第 2 版 p358~362。

植物花期

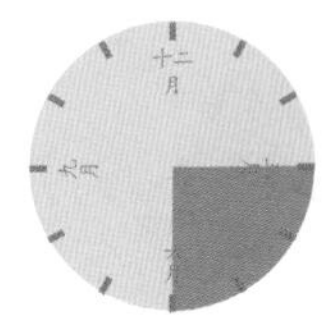

4—6 月

树种简介：

树冠呈伞形，高可达 20 m。叶椭圆形至椭圆状披针形，先端急尖。圆锥花序腋生，花淡红色。果期秋季，果长卵形，成熟后鲜红色形似海星，单边开裂，亮黑色种子外露，观赏性极佳。种子可食用，也可榨油。

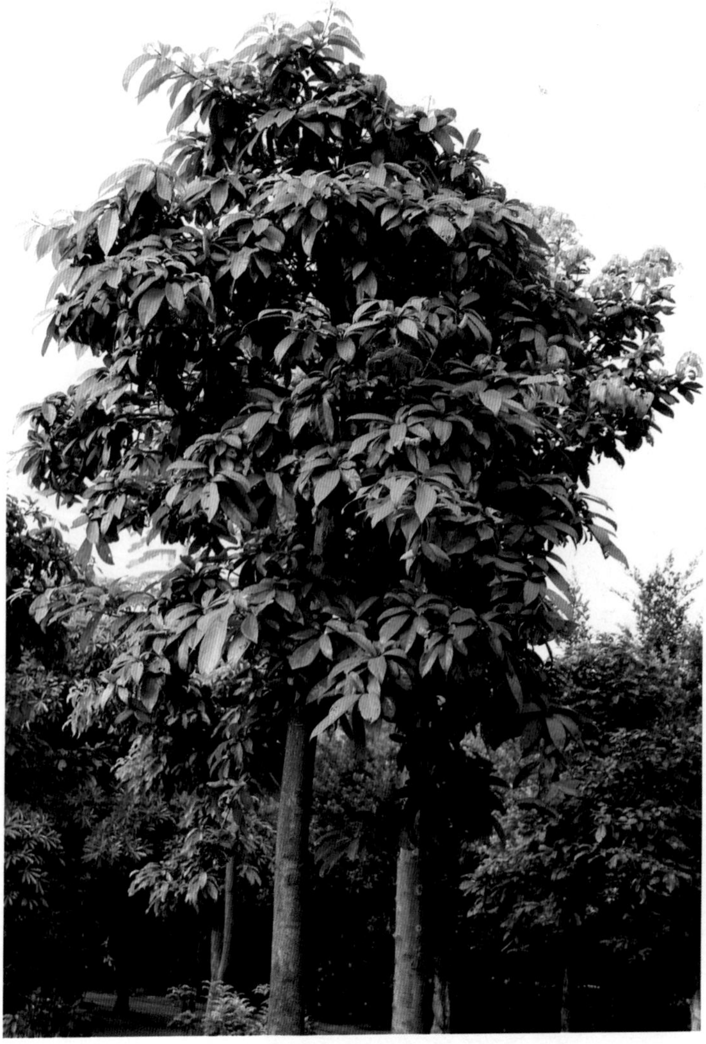

花

果

开裂的果

树木类型：

常绿乔木

落叶乔木

主要观赏特性：

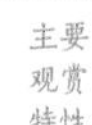

观果

观叶

观干

观花

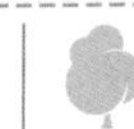
观姿

抗风能力：

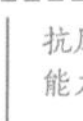

抗风强

抗风中

抗风弱

假苹婆

Sterculia lanceolata

种名：**苹婆**

别名：凤眼果、七姐果

学名：*Sterculia monosperma*

科属：锦葵科 Malvaceae 苹婆属 *Sterculia*

产地分布：原产于我国广东、广西、福建、台湾和云南。印度、越南、印度尼西亚也有分布。乡土树种。

适种区域：
道路绿化：行道树 / 路侧绿带
公园绿地：广场区域 / 疏林草地

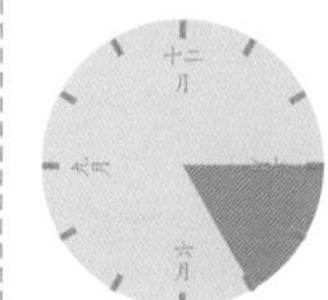

植物花期

4—5 月

树种简介：

常绿乔木，喜高温、湿润、阳光充足的环境。叶互生，长圆形，叶背及嫩枝有褐锈色茸毛。总状花序有 2~4 朵花，花大；花萼淡黄绿色；花瓣 5 枚，黄色。浆果球形，被膨大的萼片包裹，宛如花苞，成熟时红色。

叶

花

果

盛花期

树木类型：

常绿乔木 落叶乔木

主要观赏特性：

观果 观叶 观干 观花 观姿

抗风能力：

抗风强 抗风中 抗风弱

植物花期

十二月 九月 六月

3—4 月

种名：**木棉**

别名：英雄树、红棉

学名：*Bombax ceiba*

科属：锦葵科 Malvaceae 木棉属 *Bombax*

产地分布：原产于印度。归化树种或逸生植物。

适种区域：

道路绿化：渠化岛 / 路侧绿带

公园绿地：疏林草地 / 背景林

滨海盐碱地：滨海绿地（含填海区）

特别提示：偶受棉叶蝉、眉斑楔天牛为害，防治参考武三安主编的《园林植物病虫害防治》第 2 版 p274~277、p330~335。

挂果景观

盛花景观

树种简介：

广州市市树。树皮灰白色，幼树树干通常有圆锥状的瘤刺；分枝平展，树形高大雄伟。掌状复叶。先花后叶，春天开大红花，偶见橙黄色，十分美丽。蒴果长圆形，果内有丝状棉毛，“木棉”由此得名。春天一树橙红；夏天绿叶成荫；秋天枝叶萧瑟；冬天秃枝寒树，四季展现不同的景象。深根系树种，速生，抗风性强；耐旱与抗污染；稍耐湿，忌积水。

果实开裂后飘散大量的棉絮

树木类型：

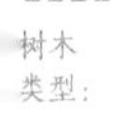

落叶乔木

主要观赏特性：

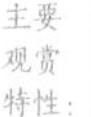

观花

观姿

抗风能力：

抗风强

锦葵科

Malvaceae

种名：**吉贝**

别名：美洲木棉

学名：*Ceiba pentandra*

科属：锦葵科 Malvaceae 吉贝属 *Ceiba*

产地分布：原产于美洲热带地区。我国海南、广东多有栽培。

适种区域：
道路绿化：分车绿带 / 渠化岛 / 路侧绿带
公园绿地：疏林草地 / 背景林

植物花期

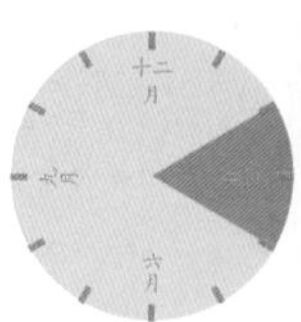

3—4 月

树种简介：

高可达 30 m。有大而轮生的侧枝；幼枝平伸，有刺。掌状复叶有小叶 5~9 片，小叶长圆状披针形，先端渐尖，叶全缘或近顶端有极疏细齿；叶背带白霜；叶柄长 7~14 cm，小叶柄极短。先花后叶或花叶同时开展，多数簇生于上部叶腋中，白色。蒴果长圆形。

果

叶

花

树木类型：

常绿乔木

落叶乔木

主要观赏特性：

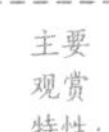

观果

观叶

观干

观花

观姿

抗风能力：

抗风强

抗风中

抗风弱

植物花期

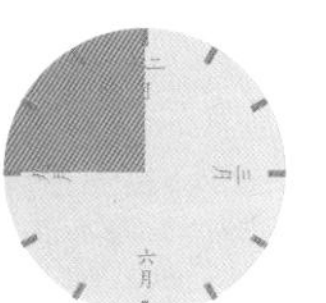

10—12 月

种名：美丽异木棉

别名：丝木棉、美人树

学名：*Chorisia speciosa*

科属：锦葵科 Malvaceae 丝木棉属 *Chorisia*

产地分布：原产于南美洲。

适种区域：
道路绿化：分车绿带 / 渠化岛 / 路侧绿带
公园绿地：广场区域 / 疏林草地

树种简介：

树干直立，主干有突刺，树冠层呈伞形，叶色青翠，成年树树干呈酒瓶状。掌状复叶有 5~9 片小叶，小叶叶缘具锯齿。秋冬季盛花期满树姹紫，秀色照人，人称“美人树”。蒴果椭圆形，内含丝绵，种子翌年春季成熟。

花

皮刺

叶

果

群植景观

先花后叶

树木类型：

落叶乔木

主要观赏特性：

观花

观姿

抗风能力：

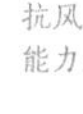

抗风强

锦葵科

Malvaceae

种名：**马拉巴栗**

别名：发财树

学名：*Pachira macrocarpa*

科属：锦葵科 Malvaceae 瓜栗属 *Pachira*

产地分布：原产于中美洲（墨西哥至哥斯达黎加）。我国南方广泛栽培。

适种区域：
道路绿化：渠化岛 / 路侧绿带
公园绿地：广场区域

特别提示：偶受果六点天蛾为害，防治参考武三安主编的《园林植物病虫害防治》第 2 版 p306~308。

植物花期

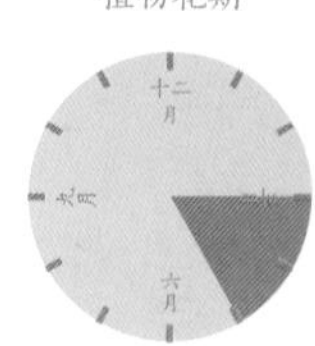

4—5 月

树种简介：

常见室内观赏植物，小乔木。树冠较松散，幼枝栗褐色。掌状复叶有小叶 5~11 片，具短柄或近无柄，长圆形至倒卵状长圆形，渐尖，全缘；叶背及叶柄被褐色星状茸毛。花单生枝顶叶腋，萼杯状，花瓣淡黄绿色，狭披针形至线形，上半部反卷。蒴果近梨形。

叶

花

果

用作室内植物

树木类型：

常绿乔木

落叶乔木

主要观赏特性：

观果

观叶

观干

观花

观姿

抗风能力：

抗风强

抗风中

抗风弱

植物花期

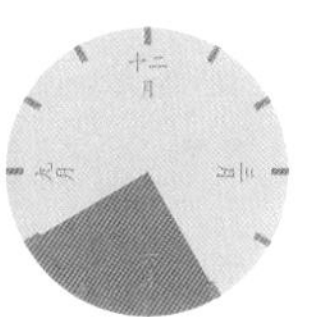

6—8 月

种名：**黄槿**

别名：糕仔树

学名：*Hibiscus tiliaceus*

科属：锦葵科 Malvaceae 木槿属 *Hibiscus*

特别提示：生性强健，常扦插繁殖，耐盐碱能力好，可作海岸防沙、防潮、防风树种。

产地分布：原产于我国广东、海南、福建和台湾。柬埔寨、老挝、缅甸、印度、马来西亚等国也有分布。乡土树种。

适种区域：
道路绿化：路侧绿带
公园绿地：疏林草地 / 滨水区域
滨海盐碱地：滨海绿地（含填海区）
沿海滩涂基干林带

树种简介：

常绿小乔木，多分枝，主干不明显，高可达 4~10 m。叶革质，近圆形或宽卵形，先端突尖，基部心形。花冠钟形，花瓣黄色，内面基部暗紫色。蒴果卵圆形，被茸毛，果期 9—11 月。本种树皮纤维供制绳索，嫩枝叶供蔬食；木材坚硬致密，耐朽力强，适用于建筑、造船及家具等用。

花

树木类型：

常绿乔木

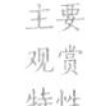

主要观赏特性：

观花

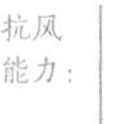

抗风能力：

抗风弱

种名：**桐棉**

别名：杨叶肖槿、恒春黄槿

学名：*Thespesia populnea*

科属：锦葵科 Malvaceae 桐棉属 *Thespesia*

产地分布：原产于我国广东、海南和台湾。东南亚、南美洲热带地区也有分布。乡土树种。

适种区域：

公园绿地：疏林草地 / 滨水区域 / 背景林

滨海盐碱地：滨海绿地（含填海区）

沿海滩涂基干林带

植物花期

几乎全年

特别提示：半红树植物，可抗强风，耐盐性佳，但耐寒性较差。

树种简介：

小乔木，高可达 6 m，适生于湿润、高温、阳光充足的环境。小枝具褐色盾形细鳞秕。叶卵状心形，先端长尾状，基部心形，全缘；叶柄及叶背被鳞秕。花冠钟形，黄色，内面基部具紫斑。蒴果梨形。

花

果（未熟）

果（已熟）

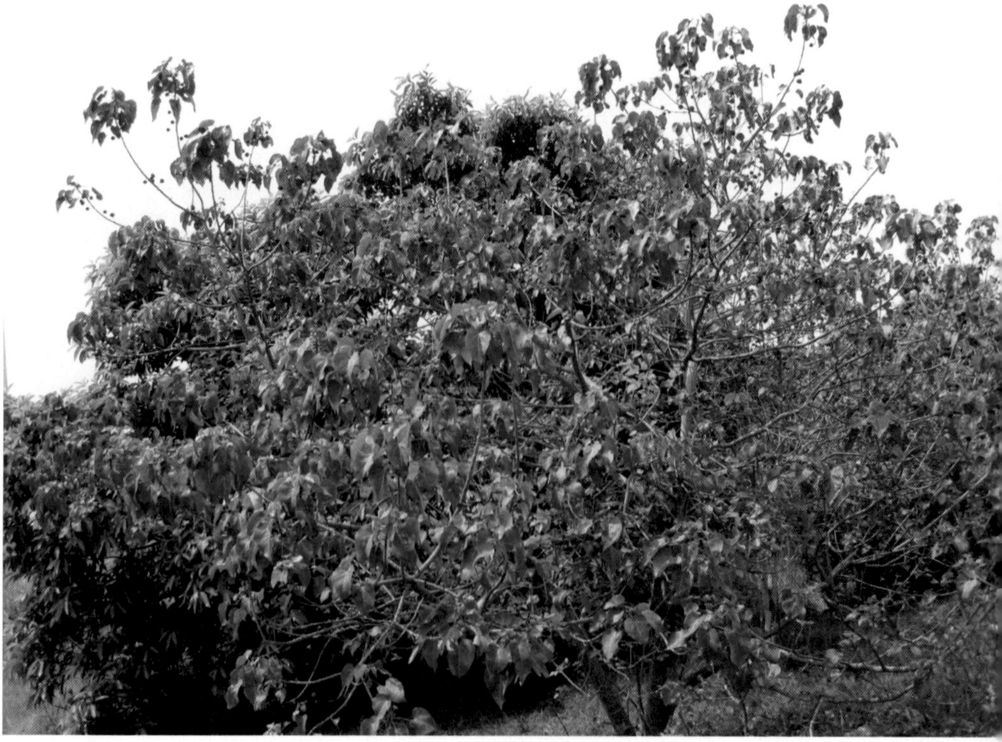

树木类型：

常绿乔木

落叶乔木

主要观赏特性：

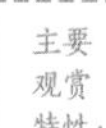

观果

观叶

观干

观花

观姿

抗风能力：

抗风强

抗风中

抗风弱

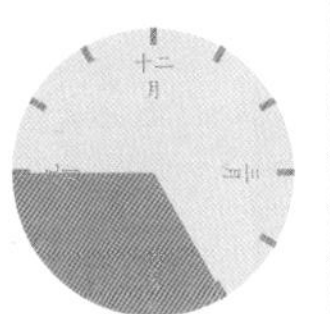

植物花期

6—9月

种名：红花玉蕊

学名：*Barringtonia acutangula*

科属：玉蕊科 Lecythidaceae 玉蕊属 *Barringtonia*

产地分布：原产于东南亚、大洋洲，深圳多有栽培。

适种区域：
道路绿化：行道树 / 路侧绿带
公园绿地：广场区域 / 疏林草地
滨海盐碱地：滨海绿地（含填海区）

特别提示：玉蕊 *Barringtonia racemosa* 在深圳也有少量种植。

树种简介：

常绿大乔木，外来树种。玉蕊开花最大的特点，“夕开朝落”，临近傍晚，花蕾打开，次日清晨，开放的花朵纷纷落地，给人一种“月下美人”的感受，增添了神秘色彩。叶簇生枝顶，有短柄，纸质，倒卵形。总状花序顶生于老枝，悬垂，花小而密，雄蕊红色。远观如一条条红色绸带，近看似一挂挂喜庆爆竹，甚是壮观，只可惜花朵夜间开放，难见真容。果卵圆形，具多棱，质地轻。

叶

花序

果

树木类型：

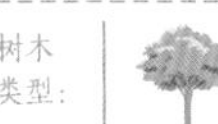

常绿乔木

主要观赏特性：

观花

抗风能力：

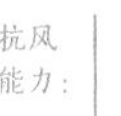

抗风中

玉蕊花

玉蕊

Barringtonia racemosa

玉蕊果

植物花期

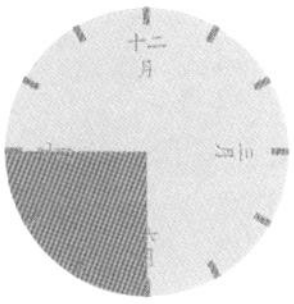

7—9月

种名：**红花天料木**

别名：母生、斯里兰卡天料木

学名：*Homalium hainanense*

科属：大风子科 Flacourtiaceae 天料木属 *Homalium*

产地分布：原产于我国海南、广东、广西、湖南和福建。越南也有分布。乡土树种。

适种区域：
道路绿化：路侧绿带
公园绿地：广场区域 / 疏林草地

树种简介：

高可达 15 m。树皮灰色，不裂。叶革质，长圆形或椭圆状长圆形，先端短渐尖，边缘全缘或有极疏不明显钝齿；两面无毛，中脉下面突起。花外面淡红色，内面白色，排成总状。蒴果倒圆锥形。红花天料木为海南著名木材，结构细密，纹理清晰，为建筑及桥梁和家具的重要用材。

叶

树木类型：

常绿乔木

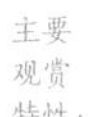

主要观赏特性：

观花

观姿

抗风能力：

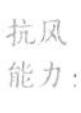

抗风强

红木科

Bixaceae

种名：**红木**

别名：胭脂树

学名：*Bixa orellana*

科属：红木科 Bixaceae 红木属 *Bixa*

特别提示：抗大气污染。

产地分布：原产于美洲热带地区。我国台湾、广东、云南等地有引进栽培。

适种区域：
道路绿化：分车绿带 / 路侧绿带
公园绿地：疏林草地

植物花期

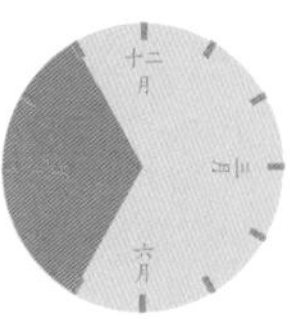

8—11 月

树种简介：

小乔木，热带地区最有名的染料植物，亚马孙河流域与西印度群岛的原住民取胭脂树的种子，拌和唾液，再用手掌搓揉，涂抹脸部、皮肤，作为身体的装饰，看起来就像涂上胭脂一般，因此得名。枝条棕褐色，密被棕红色短腺毛。叶表深绿色，叶背淡绿色。花较大，花瓣粉红色。10—12 月挂果，果实似绒球，密被软刺，成熟时红色至暗红色。

花

果

果开裂露出红色种子

树木类型：

常绿乔木

主要观赏特性：

观果

观花

抗风能力：

抗风中

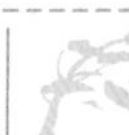

植物花期

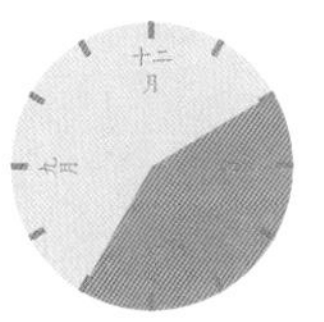

3—7 月

种名：**鱼木**

别名：树头菜

学名：*Crateva religiosa*

科属：山柑科 Capparaceae 鱼木属 *Crateva*

特别提示：果有毒。

产地分布：原产于我国广东、广西和云南。尼泊尔、印度、缅甸、老挝、柬埔寨等国也有分布。乡土树种。

适种区域：
道路绿化：路侧绿带
公园绿地：疏林草地

果

树种简介：

高可达 20 m。指状复叶，小叶 3 片，小叶薄革质，先端渐尖或急尖。总状伞房花序着生枝顶，花瓣白色或黄色。盛花期满树如千万蝴蝶飞舞，格外夺目。果球形，果皮粗糙，种子背面有瘤状突起。

花

树木类型：

落叶乔木

主要观赏特性：

观花

抗风能力：

抗风中

辣木科

Moringaceae

种名：**象腿树**

学名：*Moringa drouhardii*

科属：辣木科 Moringaceae 辣木属 *Moringa*

产地分布：原产于美洲热带地区。我国南方有引进栽培。

适种区域：
道路绿化：渠化岛
公园绿地：广场区域 / 疏林草地

植物花期

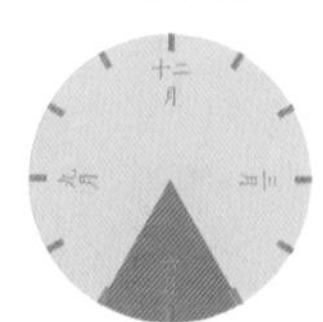

6—7 月

果

花

叶

树种简介：

小乔木，是一种高级园景树，其树干肥厚多肉，干基肥大似象脚，故得名“象腿树”。嫩枝被短柔毛，老枝有明显皮孔及叶痕。叶对生，三回羽状复叶，小叶极细小，椭圆状镰刀形。圆锥花序腋生，长 10~30 cm，花白色，芳香。

树木类型：

落叶乔木

主要观赏特性：

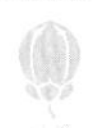

观干

观姿

抗风能力：

抗风中

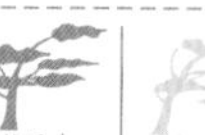

种名：**人心果**

学名：*Manilkara zapota*

科属：山榄科 Sapotaceae 铁线子属 *Manilkara*

产地分布：原产于美洲热带地区。我国广东、广西和云南有栽培。

适种区域：
道路绿化：路侧绿带
公园绿地：疏林草地

植物花期

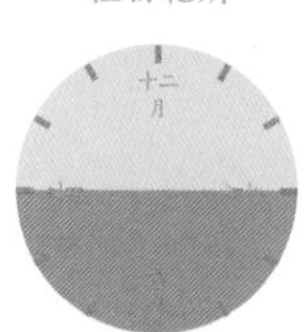

4—9 月

树种简介：

小乔木，树冠圆球形或塔形。小枝茶褐色，具明显的叶痕。叶互生，密聚于枝顶，革质，长圆形或卵状长圆形，先端急尖或钝。花 1~2 朵生于枝顶叶腋，花冠白色。浆果纺锤形，褐色，果实纵剖面似人心，故得此名。果可食，味甜可口；树干之乳汁为口香糖原料。除了可作水果生食外，人心果也可作蔬菜食用。

果

树木类型：

常绿乔木

落叶乔木

主要观赏特性：

观果

观叶

观干

观花

观姿

抗风能力：

抗风强

抗风中

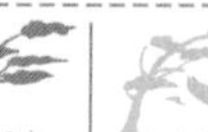
抗风弱

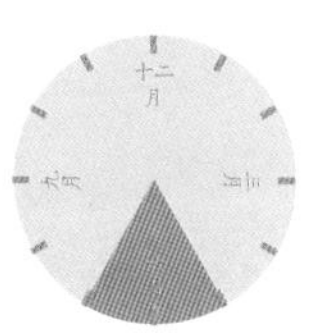

种名：香榄

别名：伊兰芷硬胶、牛乳树

学名：*Mimusops elengi*

科属：山榄科 Sapotaceae 香榄属 *Mimusops*

产地分布：原产于印度尼西亚爪哇、印度及马来西亚。

适种区域：
道路绿化：路侧绿带
公园绿地：疏林草地 / 背景林

树种简介：

小乔木，树冠伞形，叶片浓密油亮，分枝多，优良的观赏树种。单叶互生，薄革质，卵形或椭圆状卵形，叶缘波状。花常簇生叶腋，向下。浆果，卵状，成熟时橙黄色，果期 7—8 月。成熟的果实可食，也是上选的诱鸟树种。木材质地细致、坚重、均匀，可制作家具及工艺品，也是雕刻优良用材。

花

果

叶

树木类型：
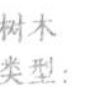

常绿乔木
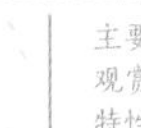

主要观赏特性：

观果

观花
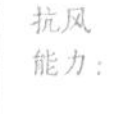
观姿

抗风能力：

抗风中

种名：**桐花树**

别名：蜡烛果

学名：*Aegiceras corniculatum*

科属：报春花科 Primulaceae 蜡烛果属 *Aegiceras*

产地分布：原产于我国福建、广东、海南和广西。印度、越南、斯里兰卡、菲律宾、马来西亚、澳大利亚也有分布。乡土树种。

适种区域：
滨海盐碱地：沿海滩涂基干林带

植物花期

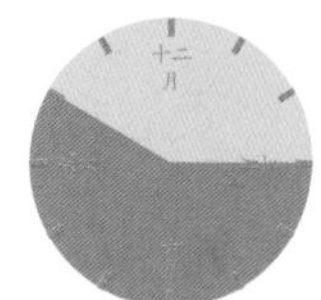

4—10 月

果

树种简介：

常绿灌木或小乔木，红树林保护区乡土树种，高 1.5~4 m，多分枝。叶互生，叶片倒卵形或倒卵状椭圆形，基部楔形，全缘，先端微凹，无毛。伞形花序顶生、腋生或与叶对生，有花 10~30 朵，花冠白色，开花后反折。果新月状或镰状弯曲，无毛，先端具有长喙。泌盐植物（排盐植物），能通过叶片上密布的分泌腺把吸收的过多盐分排出体外，避免盐分的为害。

树叶排盐

树木类型：

常绿乔木

主要观赏特性：

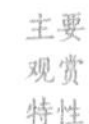

观果

抗风能力：

抗风强

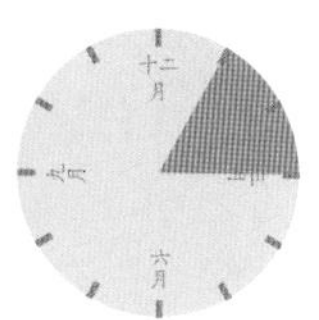
植物花期

2—3 月

种名：**钟花樱桃**

别名：福建山樱花、山樱花

学名：*Cerasus campanulata*

科属：蔷薇科 Rosaceae 樱属 *Cerasus*

产地分布：原产于我国广东、广西、福建、台湾和浙江。乡土树种。

适种区域：
道路绿化：路侧绿带
公园绿地：疏林草地

特别提示：易受红蜘蛛、介壳虫为害，防治参考武三安主编的《园林植物病虫害防治》第 2 版 p283~286、p254~265。

花

树种简介：

早春开花，先花后叶，粉红色，鲜艳亮丽，是早春重要的观花树种。树皮黑褐色，小枝灰褐色或紫褐色。叶片卵形或椭圆形，薄革质，叶缘有急尖锯齿。宜群植，也可植于山坡、庭院、路边、建筑物前，盛开时节满树烂漫，如云似霞，极为壮观。

枝

树木类型：
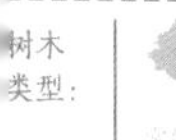

常绿乔木
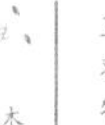
落叶乔木

主要观赏特性：
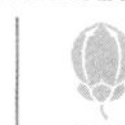
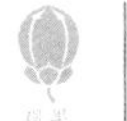
观果

观叶

观干

观花

观姿

抗风能力：

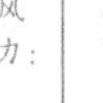
抗风强

抗风中

抗风弱

蔷薇科

Rosaceae

种名：**枇杷**

别名：卢橘

学名：*Eriobotrya japonica*

科属：蔷薇科 Rosaceae 枇杷属 *Eriobotrya*

特别提示：抗大气污染。

产地分布：原产于我国广东、广西和香港。乡土树种。

适种区域：
公园绿地：疏林草地

植物花期

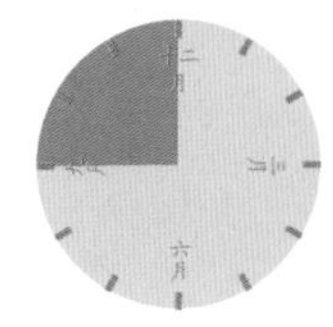

10—12 月

树种简介：

小乔木，常见水果树种。小枝密被锈色或灰棕色茸毛。叶革质，叶表光亮，多褶皱，长倒卵形或长椭圆形，叶缘具疏锯齿。圆锥花序顶生，花白色，花瓣内面有茸毛。梨果近球形或长圆形，黄色或橘黄色，果期翌年 5—6 月，果味甘酸，供生食、蜜饯和酿酒用。

花序

果枝

树木类型：

常绿乔木

主要观赏特性：

观果

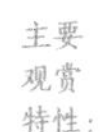

观花

抗风能力：

抗风中

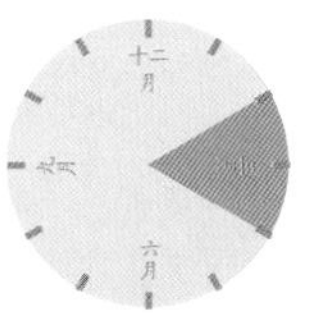

3—4 月

种名：**豆梨**

别名：野梨、山梨、鹿梨、乌梨

学名：*Pyrus calleryana*

科属：蔷薇科 Rosaceae 梨属 *Pyrus*

产地分布：原产于我国山东、河南、江苏、浙江、江西、安徽、湖北、湖南、福建、广东和广西。越南北部也有分布。乡土树种。

适种区域：
道路绿化：路侧绿带
公园绿地：疏林草地

叶

花

树种简介：

豆梨的果实极小，成熟时果径也仅有 1 cm 左右，形似小豆子，故名“豆梨”。高可达 5~8 m。叶片宽卵形至卵形，稀长椭卵形，先端渐尖，基部圆形至宽楔形。伞形总状花序，具花 6~12 朵，花白色。梨果球形，果期 8—9 月。

果

树木类型：

常绿乔木

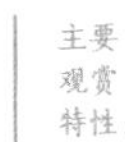
主要观赏特性：

观果

观花
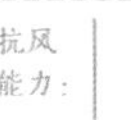
抗风能力：

抗风中

豆科

Fabaceae

种名：**耳叶相思**

别名：大叶相思

学名：*Acacia auriculiformis*

科属：豆科 Fabaceae 金合欢属 *Acacia*

特别提示：优良蜜源树种。

产地分布：原产于巴布亚新几内亚和澳大利亚北部海岸，现我国华南地区广泛栽培。

适种区域：
道路绿化：路侧绿带
公园绿地：疏林草地 / 背景林

植物花期

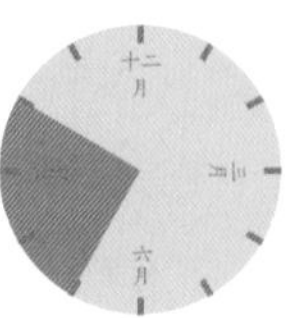

8—10 月

树种简介：

高可达 15 m。树皮光滑，灰白色。叶柄叶状互生，镰状长圆形，全缘，革质，平行脉。花小，穗状花序，橙黄色，簇生叶腋或枝顶。荚果初始平直，成熟时扭曲成圆环状。由于其速生耐瘠、适应性强、用途广泛，已成为华南各省区造林绿化和改良土壤的主要树种之一。

花序

树木类型：

常绿乔木

落叶乔木

主要观赏特性：

观果

观叶

观干

观花

观姿

抗风能力：

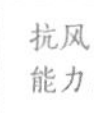

抗风强

抗风中

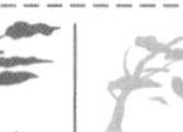
抗风弱

植物花期

4—5 月

种名：台湾相思

别名：台湾柳、相思树、相思子

学名：*Acacia confusa*

科属：豆科 Fabaceae 金合欢属 *Acacia*

特别提示：根部有根瘤，具较强的固氮特性。

产地分布：原产于我国台湾、福建、广东、广西和云南。乡土树种。

适种区域：
道路绿化：路侧绿带
公园绿地：疏林草地
滨海盐碱地：滨海绿地（含填海区）

树种简介：

高可达 15 m。树干灰色或褐色。成年植株的叶柄演化为假叶，互生，披针形，呈镰状弯曲，全缘，革质，平行脉。头状花序球形，金黄色。荚果扁平，干时深褐色。该种生长迅速，耐干旱，为华南地区荒山造林、水土保持和沿海防护林的重要树种。材质坚硬，可为车轮、桨橹及农具等用；树皮含单宁；花含芳香油，可作调香原料。

果

花序

树木类型：

常绿乔木

主要观赏特性：

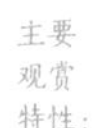

观花

观姿

抗风能力：

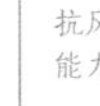

抗风强

豆科

Fabaceae

种名：**银叶金合欢**

别名：昆士兰银条、珍珠合欢

学名：*Acacia podalyriifolia*

科属：豆科 Fabaceae 金合欢属 *Acacia*

产地分布：原产于澳大利亚。

适种区域：
道路绿化：路侧绿带
公园绿地：广场区域

植物花期

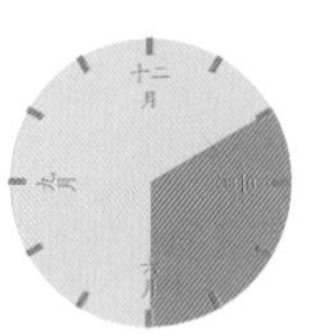

3—6月

树种简介：

小乔木，小枝常呈“之”字形弯曲。有趣的是该树种幼年叶片和成熟后的叶片形态截然不同，前者似轻柔的羽毛，后者却呈椭圆形，因被灰白色柔毛，为迷人的银绿色。头状花序1个或2~3个簇生于叶腋；花黄色，有香味。冬季和早春盛开朵朵芬芳的金黄色球状花，具有很高的观赏价值。

花序

叶

树木类型：

常绿乔木

落叶乔木

主要观赏特性：

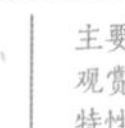

观果

观叶

观干

观花

观姿

抗风能力：

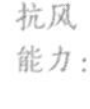

抗风强

抗风中

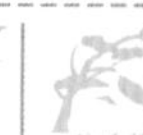

抗风弱

植物花期

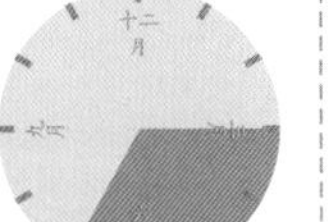

4—7 月

种名：**海红豆**

别名：孔雀豆、红豆

学名：*Adenanthera pavonina* var. *microsperma*

科属：豆科 Fabaceae 海红豆属 *Adenanthera*

产地分布：原产于我国华南、西南地区。缅甸、柬埔寨、老挝、越南、马来西亚、印度尼西亚等也有分布。乡土树种。

适种区域：
道路绿化：路侧绿带
公园绿地：广场区域 / 疏林草地 / 背景林

红色种子即“红豆”

树种简介：

海红豆是唐代著名诗人王维作品《红豆》中描写的红豆，高可达 20 m。二回羽状复叶，羽片 3~5 对，每片羽片具小叶 4~7 片，小叶长圆形或卵形，两面均被微柔毛。总状花序组成顶生的圆锥花序或单生于叶腋，花小，有芳香，白色或淡黄色。荚果狭旋卷；种子鲜红色，有光泽，甚为美丽，常作表达爱情和友谊的特色纪念品。木材坚硬耐腐，可做建筑和造船等用材。

裂开的豆荚

花序

果

树木类型：

落叶乔木

主要观赏特性：

观果

观姿

抗风能力：

抗风中

豆科

Fabaceae

种名：**楹树**

学名：*Albizia chinensis*

科属：豆科 Fabaceae 合欢属 *Albizia*

特别提示：不抗风。

产地分布：原产于我国广东、广西、湖南、福建、云南和西藏。南亚至东南亚地区也有分布。乡土树种。

适种区域：
道路绿化：路侧绿带
公园绿地：广场区域 / 疏林草地 / 背景林
滨海盐碱地：滨海绿地（含填海区）

植物花期

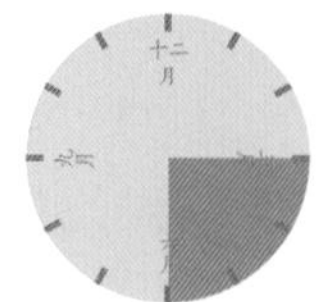

4—6 月

树种简介：

本种生长迅速，枝叶茂盛，可长成高大乔木。小枝被黄色柔毛。托叶大，膜质，心形，先端有小尖头，早落。二回羽状复叶，无柄，长椭圆形。头状花序，组成顶生的圆锥花序，花绿白色或淡黄色。荚果扁平。本树种为强光树种，不耐阴，抗风力弱。

花

树木类型：

常绿乔木

落叶乔木

主要观赏特性：

观果

观叶

观干

观花

观姿

抗风能力：

抗风强

抗风中

抗风弱

植物花期

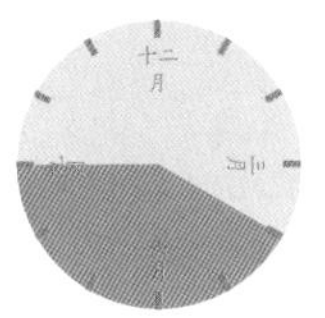

5—9 月

种名：**阔荚合欢**

别名：大叶合欢

学名：*Albizia lebbeck*

科属：豆科 Fabaceae 合欢属 *Albizia*

产地分布：原产于新几内亚、澳大利亚北部、非洲热带等地区。我国南方广泛栽培。

适种区域：

道路绿化：路侧绿带

公园绿地：疏林草地 / 背景林

滨海盐碱地：滨海绿地（含填海区）

落叶景观

树种简介：

嫩枝密被短柔毛。二回偶数羽状复叶；羽片 2~4 对，小叶 4~8 对，长椭圆形，基部偏斜。头状花序聚生于叶腋，花冠黄绿色，芳香。荚果带状，常宿存。本种生长迅速，枝叶茂密，为良好的观赏植物。边材白色，心材暗褐色，光亮而有斑纹，质坚硬，耐朽力强，适为家具、车轮、船艇、支柱、建筑之用。

花序

荚果

树木类型：

落叶乔木

主要观赏特性：

观果

观叶

观花

抗风能力：

抗风弱

豆科

Fabaceae

种名：**南洋楹**

别名：仁仁树、仁人木

学名：*Falcataria moluccana*

科属：豆科 Fabaceae 南洋楹属 *Falcataria*

产地分布：原产于马六甲及印度尼西亚马鲁古群岛。

适种区域：
道路绿化：路侧绿带
公园绿地：疏林草地 / 背景林
滨海盐碱地：滨海绿地（含填海区）

植物花期

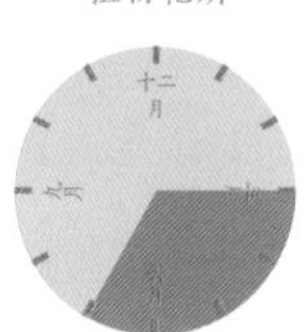

4—7 月

盛花期

小叶中脉偏上

花序

树种简介：

本种为著名的速生树种，高大乔木，树干通直，树形美观，树冠广伞形，伸展开阔，冠幅可达 20 m。二回羽状复叶，有羽片 6~20 对，小叶中脉偏上。穗状花序腋生，单生或数个花序组成圆锥花序，初开白色，后变黄。荚果带状。木材适于作一般家具、室内建筑、箱板、农具、火柴等。木材纤维含量高，是造纸、人造丝的优良材料。

树木类型：

常绿乔木

落叶乔木

主要观赏特性：

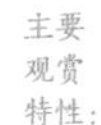

观果

观叶

观干

观花

观姿

抗风能力：

抗风强

抗风中

抗风弱

南洋楹

Falcataria moluccana

豆科

Fabaceae

种名：**红花羊蹄甲**

别名：洋紫荆

学名：*Bauhinia×blakeana*

科属：豆科 Fabaceae 羊蹄甲属 *Bauhinia*

产地分布：我国香港首先被发现。乡土树种。

适种区域：
道路绿化：分车绿带 / 路侧绿带
公园绿地：疏林草地 / 背景林
滨海盐碱地：滨海绿地（含填海区）

特别提示：耐干旱和瘠薄土质，抗大气污染，但不抗风。

植物花期

10 月至次年 7 月

树种简介：

本种自 1963 年起被定为香港市花，俗称“洋紫荆”。树冠松散，广伞形，高可达 5~10 m。叶革质，近圆形或阔心形，先端 2 裂为叶全长的 1/4~1/3，似“羊蹄”。总状花序顶生或腋生，紫红色。因本种为羊蹄甲与近缘种的杂交种，故不结实。红花羊蹄甲为美丽的观赏树木，花大，紫红色，盛开时繁花满树，为华南地区主要庭园树之一，现世界各地广泛栽植。

叶

花

树木类型：
 常绿乔木
 落叶乔木

主要观赏特性：
 观果
 观叶
 观干
 观花
 观姿

抗风能力：
 抗风强
 抗风中

 抗风弱

植物花期

十二月 三月 六月

9—11 月

种名：羊蹄甲

学名：*Bauhinia purpurea*

科属：豆科 Fabaceae 羊蹄甲属 *Bauhinia*

产地分布：原产于印度北部、越南和我国东南部。乡土树种。

适种区域：
道路绿化：分车绿带 / 路侧绿带
公园绿地：疏林草地

盛花期

花枝

树种简介：

叶近革质，广卵形至近圆形，端 2 裂。伞房花序顶生，花玫瑰红色，有时白色。荚果扁条形，略弯曲。 树冠开展，枝丫低垂，花大而美丽，秋冬季开放，叶片形如牛羊的蹄甲，因此得名。

荚果

树木类型：

常绿乔木

主要观赏特性：

观花 观姿

抗风能力：

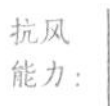

抗风中

豆科

Fabaceae

种名：**宫粉羊蹄甲**

学名：*Bauhinia variegata*

科属：豆科 Fabaceae 羊蹄甲属 *Bauhinia*

产地分布：原产于我国南部。印度和中南半岛也有分布。乡土树种。

适种区域：
道路绿化：行道树 / 分车绿带 / 路侧绿带
公园绿地：疏林草地
滨海盐碱地：滨海绿地（含填海区）

特别提示：在深圳地区常见的还有其栽培变种白花羊蹄甲 *Bauhinia variegata* var. *candida*。

植物花期

3—4 月

花

树种简介：

本种开花时树叶尽落，满树繁花，观赏价值高，高可达 15 m。树皮暗褐色，嫩枝被灰色短柔毛。叶近革质，阔卵形或近圆形，先端二裂深达叶长的 1/3，裂片顶端圆，基部心形。总状花序侧生或顶生，近伞房状，淡红色，具黄绿色或暗紫色斑纹。荚果带状，扁平。

白花羊蹄甲

Bauhinia variegata var. *candida*

叶

花

树木类型：

常绿乔木

落叶乔木

主要观赏特性：

观果

观叶

观干

观花

观姿

抗风能力：

抗风强

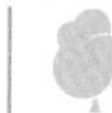
抗风中

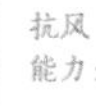
抗风弱

植物花期

6—8 月

种名：**腊肠树**

学名：*Cassia fistula*

科属：豆科 Fabaceae 决明属 *Cassia*

产地分布：原产于印度、缅甸和斯里兰卡。我国南部和西南部有引进栽培。

适种区域：
道路绿化：行道树 / 分车绿带 / 路侧绿带
公园绿地：广场区域 / 疏林草地 / 停车区域 / 背景林
滨海盐碱地：滨海绿地（含填海区）

树种简介：

本种因成熟果实后酷似腊肠，得名“腊肠树”，高可达 15 m，为泰国的国花。羽状复叶，小叶 3~4 对，阔卵形、卵形或长圆形，先端渐尖，基部楔形。总状花序下垂，初夏满树金黄色花，花序随风摇曳、花瓣随风而如雨落。荚果圆柱形，长 30~60 cm，黑褐色，不开裂，像一条条挂在树上的“腊肠”。

花序

果（未熟）

果（已熟）

树木类型：

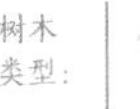

落叶乔木

主要观赏特性：

观果

观花

观姿

抗风能力：

抗风中

豆科

Fabaceae

种名：**节荚决明**

别名：粉花山扁豆、粉花决明

学名：*Cassia javanica* subsp. *nodosa*

科属：豆科 Fabaceae 决明属 *Cassia*

产地分布：原产于夏威夷群岛。广东等有引进栽培。

适种区域：

道路绿化：分车绿带 / 路侧绿带

公园绿地：广场区域 / 疏林草地 / 停车区域

植物花期

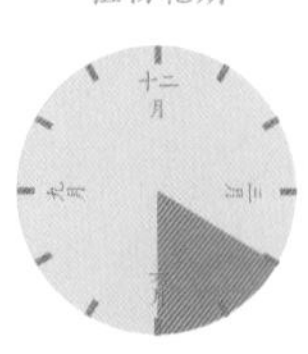

5—6 月

树种简介：

树冠广伞形，小枝纤细，下垂，薄被灰白色丝状棉毛。一回羽状复叶，小叶长圆状椭圆形，顶端圆钝，微凹。伞房状总状花序腋生；花瓣粉红色。本种除作观赏树外，木材坚硬而重，可作家具用材。

花序

树木类型：

主要观赏特性：

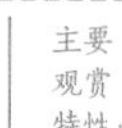

抗风能力：

植物花期

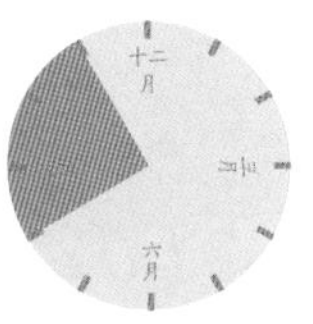

9—11月

种名：**铁刀木**

别名：黑心树

学名：*Cassia siamea*

科属：豆科 Fabaceae 决明属 *Cassia*

产地分布：原产于中南半岛、印度及斯里兰卡等地。

适种区域：

道路绿化：行道树 / 分车绿带 / 路侧绿带

公园绿地：疏林草地 / 背景林

滨海盐碱地：滨海绿地（含填海区）

特别提示：偶受天牛为害，防治参考武三安主编的《园林植物病虫害防治》第2版 p330~335。

树种简介：

树皮灰色，光滑，嫩枝有短柔毛。羽状复叶，长圆形或长圆状椭圆形。总状花序生于枝顶叶腋，并排成伞房状花序，每到盛花期，枝头挂满黄花。荚果扁平。本种耐热，耐旱，耐湿，耐瘠，耐碱，抗污染，易移植。另外，因其生长迅速，萌芽能力强，枝干易燃，在云南地区还被大量栽培作薪炭林。

花序

果（已熟）

叶

树木类型：  常绿乔木 

主要观赏特性： 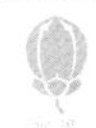  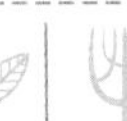  观花  

抗风能力：  抗风强  

种名：**黄槐**

别名：黄槐决明、美国槐

学名：*Cassia surattensis*

科属：豆科 Fabaceae 决明属 *Senna*

产地分布：原产于东南亚至大洋洲。我国华南及华东南部、西南南部城市有引进栽培。归化树种。

适种区域：
道路绿化：分车绿带 / 路侧绿带
公园绿地：疏林草地

特别提示：偶受茎腐病、天牛为害，防治参考武三安主编的《园林植物病虫害防治》第 2 版 p127~129、p330~335。

植物花期

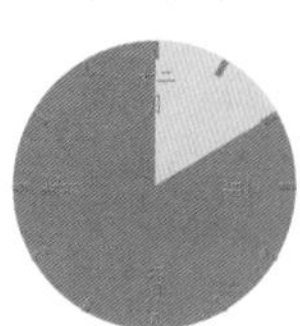

3—12 月

树种简介：

灌木或小乔木，多分枝。羽状复叶，小叶 7~9 对，长椭圆形或卵形。总状花序生于枝条上部叶腋内，花瓣鲜黄色至深黄色。荚果扁平，带状，花、果期几乎全年。本种枝叶茂密，树姿优美，花期长，花色金黄灿烂，在绿叶的衬托下犹如翩翩起舞的蝴蝶，在阳光下，发出明亮而璀璨的光芒，富热带特色。同时，本种植物叶可入药，有清凉解毒、润肺的功效。

花序

荚果

常绿乔木

观花

观姿

抗风能力：

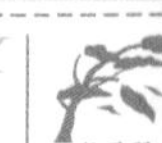

抗风弱

植物花期

十二月 九月 三月

5—7月

种名：**凤凰木**

别名：凤凰花、红花楹

学名：*Delonix regia*

科属：豆科 Fabaceae 凤凰木属 *Delonix*

产地分布：原产于马达加斯加。世界各热带地区广泛种植。我国台湾、海南、福建、广东、广西和云南等有栽培。归化树种。

适种区域：
道路绿化：行道树 / 分车绿道 / 渠化岛 / 路侧绿带
公园绿地：广场区域 / 疏林草地
滨海盐碱地：滨海绿地（含填海区）

特别提示：抗大气污染。易受夜蛾为害，防治参考武三安主编的《园林植物病虫害防治》第2版p302~307。

树种简介：

“叶如飞凰之羽，花若丹凤之冠”，故取名凤凰木，树冠横展而下垂，浓密阔大，板根明显，是著名的热带观赏树种。盛花季节，红花似火，几乎遮盖了绿叶。二回偶数羽状复叶，有小叶25对左右，密集对生。伞房状总状花序，顶生或腋生，花大而美丽，鲜红色至橘红色。荚果扁平状，常年挂果。该树种为马达加斯加的国树，也是我国福建厦门市、台湾台南市、四川攀枝花市的市树，广东省汕头市的市花。

花序

果

板根

树木类型：   常绿乔木  落叶乔木

主要观赏特性： 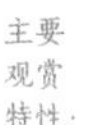   观果  观叶  观干  观花  观姿

抗风能力：   抗风强  抗风中  抗风弱

黄叶景观

凤凰木

Delonix regia

盛花景观

植物花期

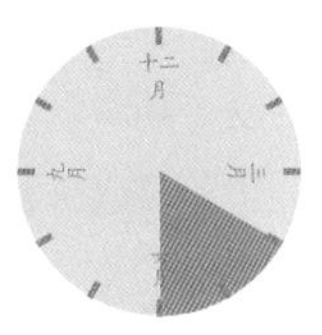

5—6月

种名：**格木**

学名：*Erythrophleum fordii*

科属：豆科 Fabaceae 格木属 *Erythrophleum*

产地分布：原产于我国广东、广西、台湾，福建也有栽培。越南有分布。乡土树种。

适种区域：
道路绿化：路侧绿带
公园绿地：疏林草地 / 背景林

叶

花序

树种简介：

高可达 10 m。嫩枝和幼芽密被锈色柔毛。二回羽状复叶，有羽片 2~3 对，每个羽片有小叶 5~13 对，小叶互生，卵形或卵状椭圆形，先端渐尖，基部圆形，稍偏斜。穗状花序组成总状花序，花淡黄绿色。荚果扁平，带状，果期 8—12 月。木材暗褐色，质硬而亮，纹理致密，为国产著名硬木之一。

树木类型：

常绿乔木

主要观赏特性：

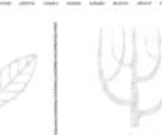

观花

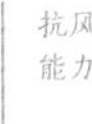

观姿

抗风能力：

抗风中

豆科

Fabaceae

种名：**仪花**

别名：单刀根

学名：*Lysidice rhodostegia*

科属：豆科 Fabaceae 仪花属 *Lysidice*

产地分布：原产于我国广东、广西和云南，南方地区多有栽培。乡土树种。

适种区域：
道路绿化：路侧绿带
公园绿地：疏林草地 / 背景林

植物花期

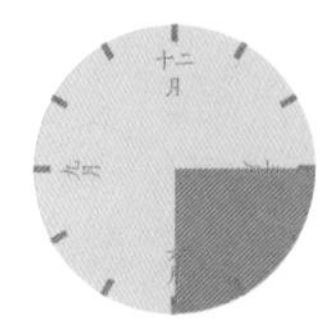

4—6 月

树种简介：

高可达 6 m。偶数羽状复叶，小叶 3~5 对，对生，纸质，长椭圆形或卵状披针形，先端尾状渐尖，基部圆钝。圆锥花序生于枝顶，花瓣紫红色。荚果倒卵状长圆形，开裂，果瓣常呈螺旋状卷曲。果期 9—11 月。

叶

花序

果（未熟）

树木类型：

常绿乔木

落叶乔木

主要观赏特性：

观果

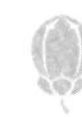

观叶

观干

观花

观姿

抗风能力：

抗风强

抗风中

抗风弱

仪花

Lysidice rhodostegia

豆科

Fabaceae

种名：**盾柱木**

别名：双翼豆

学名：*Peltophorum pterocarpum*

科属：豆科 Fabaceae 盾柱木属 *Peltophorum*

产地分布：原产于越南和马来半岛等地。我国华南地区有引进栽培。

适种区域：

道路绿化：行道树 / 分车绿带 / 路侧绿带

公园绿地：广场区域 / 疏林草地 / 背景林

滨海盐碱地：滨海绿地（含填海区）

植物花期

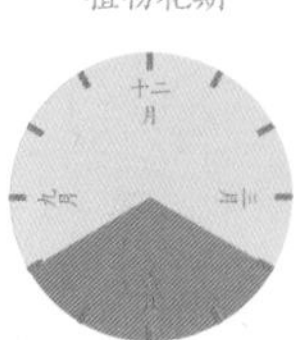

5—8 月

树种简介：

高可达 15 m。嫩枝和花序被锈色毛，老枝具黄色细小皮孔。二回羽状复叶，羽片对生，小叶革质，长圆状倒卵形。圆锥花序顶生或腋生，花瓣 5 枚，黄色。荚果具翅，扁平，纺锤形。性喜高温天气，能耐风、耐旱，但不耐阴，以栽种于沙壤土或深层壤土为佳。

盛花景观

叶

花序

荚果

树木类型：

常绿乔木

落叶乔木

主要观赏特性：

观果

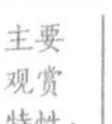
观叶

观干

观花

观姿

抗风能力：

抗风强

抗风中

抗风弱

植物花期

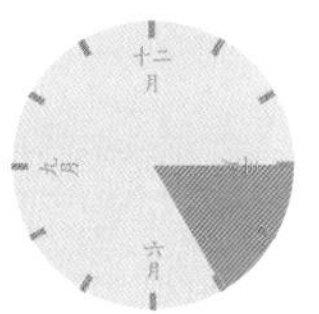

4—5 月

种名：中国无忧花

别名：火焰花

学名：*Saraca dives*

科属：豆科 Fabaceae 无忧花属 *Saraca*

产地分布：原产于我国云南、广西。越南、老挝也有分布。

适种区域：
道路绿化：行道树 / 分车绿带 / 路侧绿带
公园绿地：广场区域 / 疏林草地

特别提示：嫩叶紫红色，下垂状，宛如一件被雨打湿了的紫色袈裟。

嫩叶紫红色

花序

果

树种简介：

佛教圣树，相传此树与佛祖释迦牟尼诞生有关，在西双版纳，傣族全民信仰小乘佛教，许多与佛教有关的植物都得到了广泛种植和崇拜，无忧树就是其中一种。偶数羽状复叶，小叶 3~6 对，阔披针形或长椭圆形，嫩叶略带紫红色，下垂。伞房花序，花冠橙黄色或橘黄色，小花数十朵密生，着生于成熟老枝上。果期 7—10 月。树势雄伟，花大而美丽，是良好的观赏树种。

树木类型：

常绿乔木

主要观赏特性：
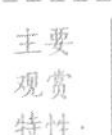

观叶

观花

抗风能力：

抗风中

豆科

Fabaceae

种名：鸡冠刺桐

别名：鸡冠豆、巴西刺桐、象牙红

学名：*Erythrina crista-galli*

科属：豆科 Fabaceae 刺桐属 *Erythrina*

产地分布：原产于南美洲。我国华南、西南及华东南部地区广泛栽培。归化树种。

适种区域：
道路绿化：路侧绿带
公园绿地：疏林草地

特别提示：易受刺桐姬小蜂为害，遭受刺桐姬小蜂为害时，截除并集中销毁被害枝、叶。

植物花期

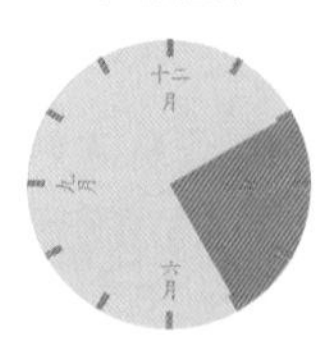

3—5 月

花序

果

树种简介：

落叶小乔木，阿根廷和乌拉圭的国花，智利国树与洛杉矶市树。羽状复叶具 3 片小叶；小叶长卵形或披针状长椭圆形，先端钝，基部近圆形。花与叶同出，总状花序顶生，每节有花 1~3 朵；花深红色，下垂或与花序轴成直角。鸡冠刺桐花朵中那无以类比的硕大旗瓣犹如鸡冠，充满阳刚之气。

树木类型：

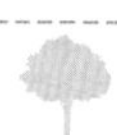
常绿乔木

落叶乔木

主要观赏特性：

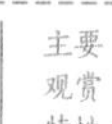
观果

观叶

观干

观花

观姿

抗风能力：

抗风强

抗风中

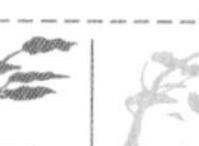
抗风弱

植物花期

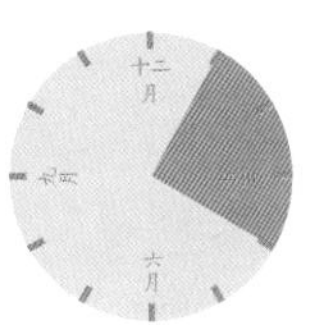

2—4 月

种名：**南非刺桐**

学名：*Erythrina caffra*

科属：豆科 Fabaceae 刺桐属 *Erythrina*

产地分布：原产非洲南部。印度和我国华南地区常见栽培。

适种区域：
道路绿化：路侧绿带
公园绿地：疏林草地
滨海盐碱地：滨海绿地（含填海区）

特别提示：易受刺桐姬小蜂为害，防治方法：截除并集中销毁被害枝、叶。在深圳常见种还有金脉刺桐 *Erythrina variegata* 'Aurea-marginata'。

树种简介：

大型落叶乔木，主干皮刺光滑，幼枝皮刺尖锐。与刺桐 (*Erythrina variegata*) 极为相似，刺桐花萼佛焰苞状，此种花萼则为钟状。羽状复叶具 3 片小叶，小叶膜质，宽卵形或菱状卵形，无刺无毛。总状花序顶生，花冠红色，旗瓣弯曲露出雄蕊。"初见枝头万绿浓，忽惊火伞欲烧空。"描述此种开花时的壮丽景象。

叶

花序

金脉刺桐

Erythrina variegata 'Aurea-marginata'

树木类型：

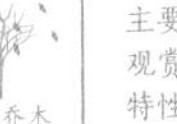
落叶乔木

主要观赏特性：

观花

观姿

抗风能力：

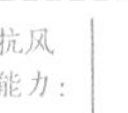

抗风中

豆科

Fabaceae

种名：海南红豆

别名：红豆树

学名：*Ormosia pinnata*

科属：豆科 Fabaceae 红豆属 *Ormosia*

产地分布：原产于我国海南、广西。越南、泰国也有分布。乡土树种。

适种区域：
道路绿化：行道树 / 分车绿带 / 路侧绿带
公园绿地：疏林草地 / 停车区域

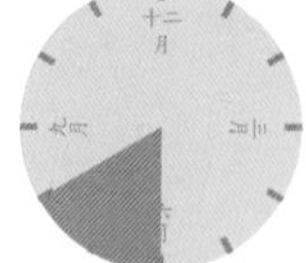

特别提示：偶受红锈病为害，防治参考武三安主编的《园林植物病虫害防治》第 2 版 p95~98。

植物花期

7—8 月

树种简介：

常绿乔木，高可达 20 m。奇数羽状复叶，小叶 7~9 片，革质，披针形；圆锥花序顶生，花冠淡粉红色带黄白色或白色。荚果卵形或圆柱形，果瓣厚木质，有种子 1~4 粒。种子椭圆形，种皮红色。唐代著名诗人王维的《红豆》中写到的红豆，也泛指本种种子，种子可作用以表达爱情和友谊的特色纪念品。

嫩叶暗红色

花序

荚果开裂露出“红豆”

树木类型：

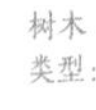
常绿乔木

落叶乔木

主要观赏特性：

观果

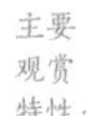
观叶

观干

观花

观姿

抗风能力：

抗风强

抗风中

抗风弱

植物花期

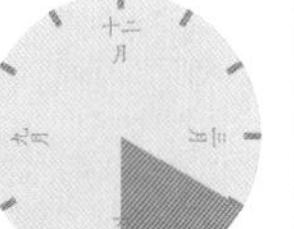

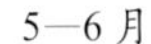

5—6 月

种名：水黄皮

别名：水流豆、野豆

学名：*Pongamia pinnata*

科属：豆科 Fabaceae 水黄皮属 *Pongamia*

产地分布：原产于我国台湾、海南及广东南部。中南半岛各国滨海区域也有分布。乡土树种。

适种区域：
道路绿化：行道树 / 路侧绿带
公园绿地：疏林草地 / 滨水区域
滨海盐碱地：滨海绿地（含填海区）

叶

花序

树种简介：

水黄皮广泛分布于东南亚至澳大利亚的太平洋沿岸地区，属半红树植物，在东南亚及我国台湾、海南地区常作为沿海地区遮阴、防风植物。羽状复叶，小叶 2~3 对，近革质，卵形，阔椭圆形至长椭圆形；总状花序腋生，花冠白色或粉红色；荚果长 4~5 cm，宽 1.5~2.5 cm，表面有不甚明显的小疣突，顶端有微弯曲的短喙，种子黑色，富含油脂，可外用治疗皮肤病。木材纹理致密美丽，可制作各种器具。

荚果（未熟）

荚果（成熟）

树木类型：

主要观赏特性：

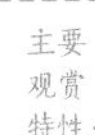

抗风能力：

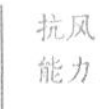

豆科

Fabaceae

种名：**印度紫檀**

别名：小叶紫檀

学名：*Pterocarpus indicus*

科属：豆科 Fabaceae 紫檀属 *Pterocarpus*

产地分布：原产于亚洲热带地区。我国广东、香港、台湾、云南和海南有栽培。

适种区域：
道路绿化：路侧绿带
公园绿地：疏林草地 / 背景林
滨海盐碱地：滨海绿地（含填海区）

特别提示：花期短暂，朝开夕落，有“一日花”之称；繁殖力极强，易扦插繁殖；偶受螺烟粉虱为害，防治参考武三安主编的《园林植物病虫害防治》第 2 版 p268~271。

植物花期

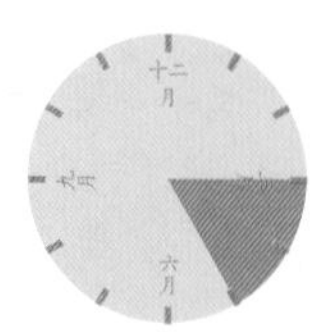

4—5 月

叶

花序

树种简介：

本种木材剖开，会流出紫色汁液，故名“印度紫檀”。叶互生，奇数羽状复叶，下垂；小叶互生，7~12 片，卵形。花金黄色，蝶形，腋生总状花序或圆锥花序，有香味，此种花期极短，每年仅开一日，朝开夕落，素有“一日花”之称。荚果，扁圆形，褐色，其中有 1~2 粒种子，而豆荚的外缘有一圈平展的翅。

树木类型： 常绿乔木  落叶乔木

主要观赏特性： 观果 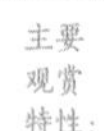 观叶  观干  观花  观姿

抗风能力： 抗风强  抗风中   抗风弱

植物花期

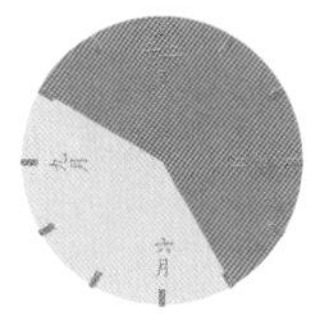

11 月至次年 5 月

种名：**红花银桦**

别名：红花山龙眼

学名：*Grevillea banksii*

科属：山龙眼科 Proteaceae 银桦属 *Grevillea*

产地分布：原产于澳大利亚。我国广西、广东、福建、香港和台湾有栽培。

适种区域：
道路绿化：路侧绿带
公园绿地：疏林草地

花序

树种简介：

常绿小乔木，由于其花形奇特，似大型的毛刷生于枝顶，在华南地区广泛栽培，颇受园林从业者喜爱。叶互生，一回羽状裂叶，小叶线形，叶背密生白色茸毛。总状花序，顶生，花色橙红色至鲜红色。果歪卵形，扁平，熟果呈褐色。

花序特写

树木类型：

常绿乔木

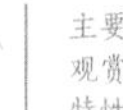

主要观赏特性：

观叶

观花

观姿
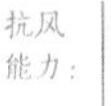
抗风能力：

抗风弱

种名：**银桦**

别名：银桦、绢柏、丝树、银华

学名：*Grevillea robusta*

科属：山龙眼科 Proteaceae 银桦属 *Grevillea*

产地分布：原产于澳大利亚。我国西南、华南、华东南部广泛栽培。归化树种。

适种区域：

道路绿化：路侧绿带

公园绿地：疏林草地 / 背景林

滨海盐碱地：滨海绿地（含填海区）

植物花期

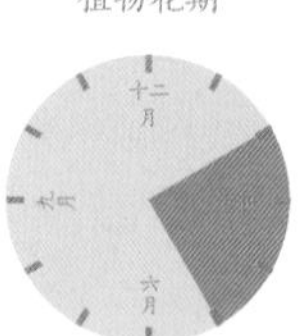

3—5 月

花序

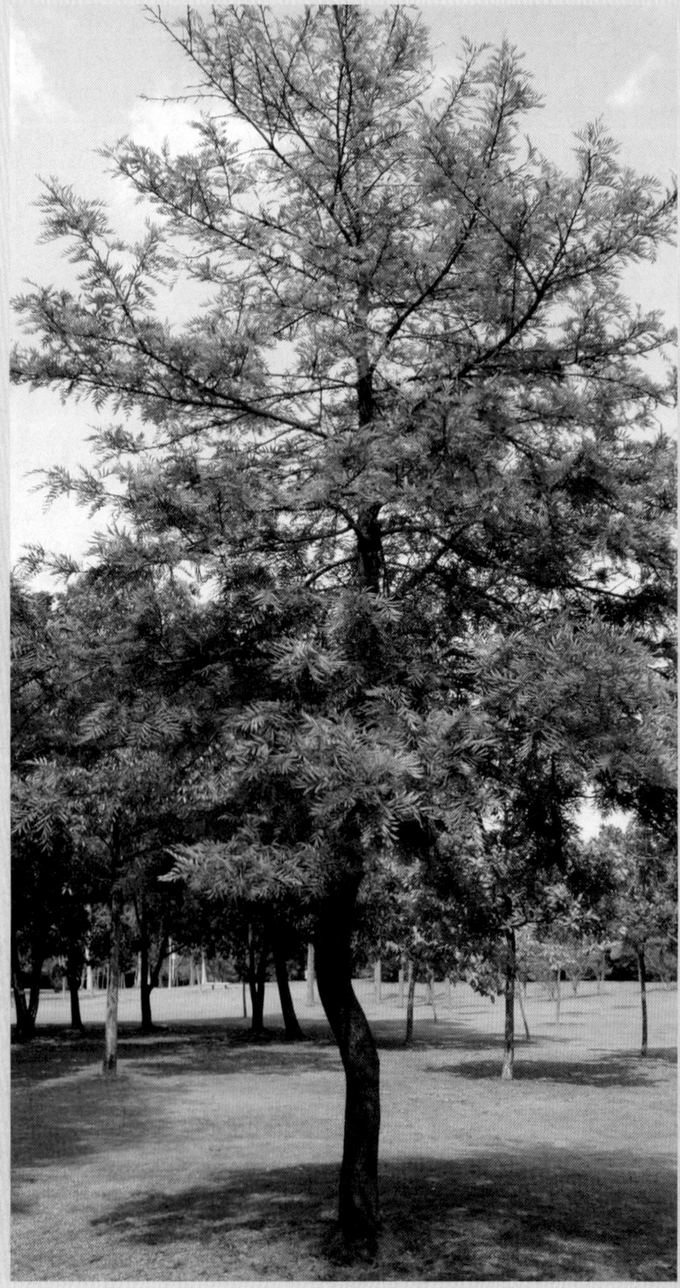

树种简介：

本种在我国云南、广东等省有悠久的栽培历史。除作观赏外，本种还可入药，果实中含具生理活性的成分豆腐果苷，此化合物具有镇静作用。叶长 15~30 cm，二次羽状深裂，裂片 7~15 对。顶生圆锥花序，花橙色或黄褐色，花被管长约 1 cm，顶部卵球形，下弯；花药卵球状。果皮革质，黑色，宿存花柱弯；种子长盘状，边缘具窄薄翅。

树木类型：

常绿乔木

主要观赏特性：

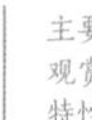

观花

观姿

抗风能力：

抗风弱

植物花期

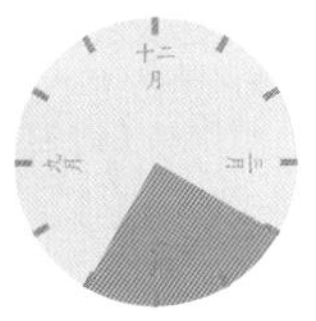

5—7 月

种名：大花紫薇

别名：大叶紫薇

学名：*Lagerstroemia speciosa*

科属：千屈菜科 Lythraceae 紫薇属 *Lagerstroemia*

特别提示：喜高温高湿的气候，不耐寒冷及霜冻。

产地分布：原产于亚洲热带地区。我国华南、西南广泛栽培。

适种区域：
道路绿化：行道树 / 分车绿带 / 渠化岛 / 路侧绿带
公园绿地：广场区域 / 疏林草地 / 停车区域
滨海盐碱地：滨海绿地（含填海区）

花

果

树种简介：

本种花朵艳丽，作为观赏花木在华南及全世界热带地区被广泛栽培。叶革质，矩圆状椭圆形或卵状椭圆形，稀披针形，甚大。花淡红色或紫色，直径 5 cm，顶生圆锥花序长 15~25 cm，有时可达 40 cm。蒴果球形至倒卵状矩圆形。木材坚硬，耐腐力强，色泽而红，常用作家具、舟车、桥梁等。

冬色叶景观

盛花期景观

树木类型：

落叶乔木

主要观赏特性：

观花

抗风能力：

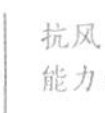

抗风中

瑞香科

Thymelaeaceae

种名：**土沉香**

别名：白木香、牙香树、沉香

学名：*Aquilaria sinensis*

科属：瑞香科 Thymelaeaceae 沉香属 *Aquilaria*

产地分布：原产于我国广东、海南、香港、云南和广西。东南亚各国也有分布。乡土树种。

适种区域：
道路绿地：路侧绿带
公园绿地：疏林草地

植物花期

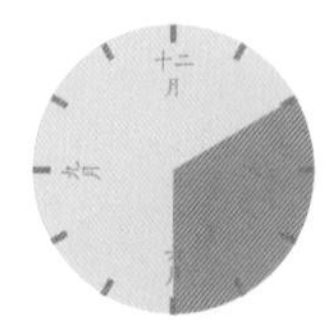

3—6 月

树种简介：

本种是传统香料沉香的主要来源，野外惨遭采伐损毁，数量分散且稀少，现被国家列为二级重点保护植物。单叶互生，叶革质，圆形、椭圆形至长圆形，有时近倒卵形，被毛。花芳香，黄绿色，多朵，组成伞形花序。蒴果果梗短，卵球形。

花

果

树木类型： 常绿乔木  落叶乔木

主要观赏特性： 观果 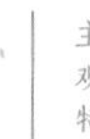 观叶  观干  观花  观姿

抗风能力： 抗风强  抗风中  抗风弱

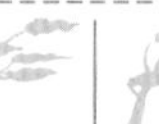

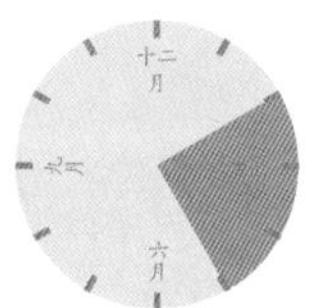

植物花期

3—5 月

种名：**垂枝红千层**

别名：串钱柳

学名：*Callistemon viminalis*

科属：桃金娘科 Myrtaceae 红千层属 *Callistemon*

产地分布：原产于澳大利亚。我国华南、西南南部广泛栽培。归化树种。

适种区域：
道路绿化：路侧绿带
公园绿地：疏林草地 / 滨水区域
滨海盐碱地：滨海绿地（含填海区）

树种简介：

在我国台湾及华南温暖地区常作观花植物栽培，"串钱柳"得名于它独特的果实，木质蒴果结成时在枝条上紧贴其上，略圆且数量繁多，好像把中国古时的铜钱串在一起的感觉，加上柔软的枝条如杨柳一般。叶片革质，呈披针形至线状披针形。穗状花序稠密，长达 11.5 cm。蒴果碗状或半球形，直径约 5 mm。

花序如瓶刷

树皮

木质蒴果如铜钱

树木类型：

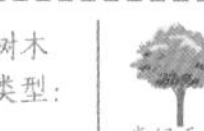

常绿乔木

主要观赏特性：

观花

抗风能力：

抗风中

桃金娘科

Myrtaceae

种名：**柠檬桉**

别名：白树、叫耳蒙、留香久、毛铁硝

学名：*Eucalyptus citriodora*

科属：桃金娘科 Myrtaceae 桉属 *Eucalyptus*

产地分布：原产于澳大利亚。我国华南、西南广泛栽培。归化树种。

适种区域：
道路绿地：路侧绿带
公园绿地：疏林草地 / 背景林

植物花期

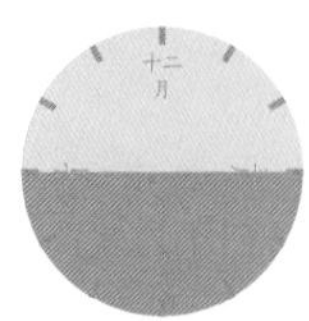

4—9 月

树种简介：

本种引入我国已有近百年历史，常被作为造林树种；同时柠檬桉干形高耸通直，树皮光滑洁白，有明显脱落现象，有“林中仙女”的美誉。叶柄盾状着生；成熟叶片狭披针形，长 10~15 cm，叶片被揉碎时发出强烈的柠檬味。圆锥花序腋生，花缺乏花瓣和花萼，无数的雄蕊成为最显著的部分。蒴果壶形，果瓣藏于萼管内。

花序

蒴果壶形

树木类型：

常绿乔木

落叶乔木

主要观赏特性：

观果

观叶

观干

观花

观姿

抗风能力：

抗风强
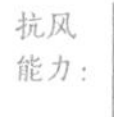
抗风中

抗风弱

植物花期

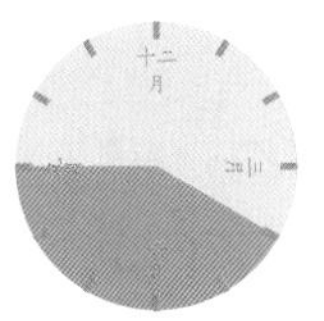

5—9月

种名：**窿缘桉**

别名：风吹柳、小叶桉、美丽桉树

学名：*Eucalyptus exserta*

科属：桃金娘科 Myrtaceae 桉属 *Eucalyptus*

产地分布：原产于澳大利亚。我国华南、西南广泛栽培。归化树种。

适种区域：
道路绿地：路侧绿带
公园绿地：疏林草地 / 背景林

树种简介：

乔木，树皮灰褐色，粗糙而有裂纹，常呈片状脱落。木材坚硬，耐腐，材质优良，在我国广东、广西及海南有较大面积造林，同时又是很好的“四旁”绿化树种。叶狭披针形，长 8~15 cm，有时更长，稍呈镰状而渐尖。伞形花序腋生，有花 3~8 朵。蒴果近球形，果缘突出萼管。

叶和果

树皮

树木类型：

常绿乔木

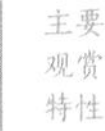

主要观赏特性：

观叶

观干

观姿

抗风能力：

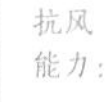

抗风中

种名：**金叶白千层**

别名：黄金香柳、千层金

学名：*Melaleuca bracteata* 'Revolution Glod'

科属：桃金娘科 Myrtaceae 白千层属 *Melaleuca*

产地分布：原产于大洋洲。我国华南、西南、华东南部广泛栽培。

适种区域：
道路绿化：路侧绿带
公园绿地：广场区域 / 疏林草地 / 背景林
滨海盐碱地：滨海绿地（含填海区）

植物花期

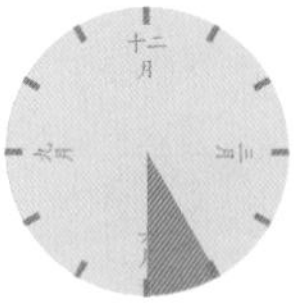

6月

树种简介：

常绿小乔木，为世界目前温暖地区最流行、视觉效果最好的色叶树种之一。树叶终年金黄，叶片精油含量高，揉之有浓烈香气。叶披针形，常年金黄色至鹅黄色；旋转互生于细枝上。伞房花序，花小，白色，不显著，2~3 朵腋生于细枝近末端。蒴果椭圆形。

花序

树木类型：

常绿乔木

落叶乔木

主要观赏特性：

观果
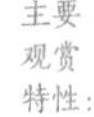
观叶

观干

观花

观姿

抗风能力：

抗风强

抗风中

抗风弱

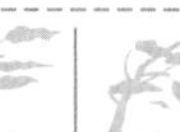

植物花期

一年多次

种名：**白千层**

别名：千层皮、脱皮树

学名：*Melaleuca leucadendra*

科属：桃金娘科 Myrtaceae 白千层属 *Melaleuca*

产地分布：原产于澳大利亚。我国华南广泛栽培。归化树种。

适种区域：
道路绿化：路侧绿带
公园绿地：疏林草地 / 背景林
滨海盐碱地：滨海绿地（含填海区）

树种简介：

在我国华南及福建沿海地区被广泛种植，常用作防护树种。树皮一层层，仿佛要脱掉旧衣换新裳一般，树皮能用来写字，还能够当橡皮。叶互生，叶片革质，披针形或狭长圆形，长 4~10 cm；花白色，密集于枝顶成穗状花序，长达 15 cm；蒴果近球形。

层层树皮如纸质

叶

花序

果

树木类型：

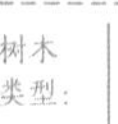

常绿乔木

主要观赏特性：

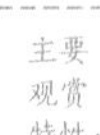

观干

观花

观姿

抗风能力：

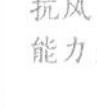

抗风强

种名：**番石榴**

别名：芭乐

学名：*Psidium guajava*

科属：桃金娘科 Myrtaceae 番石榴属 *Psidium*

产地分布：原产于中美洲。我国广西、广东、台湾、福建、海南和云南有栽培。归化树种。

适种区域：
公园绿地：疏林草地

特别提示：易受橘小实蝇为害，可利用性诱剂甲基丁香酚诱杀雄成虫，在果实上喷施阿维菌素，同时用辛硫磷喷淋土壤表层。

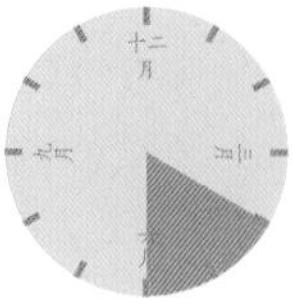

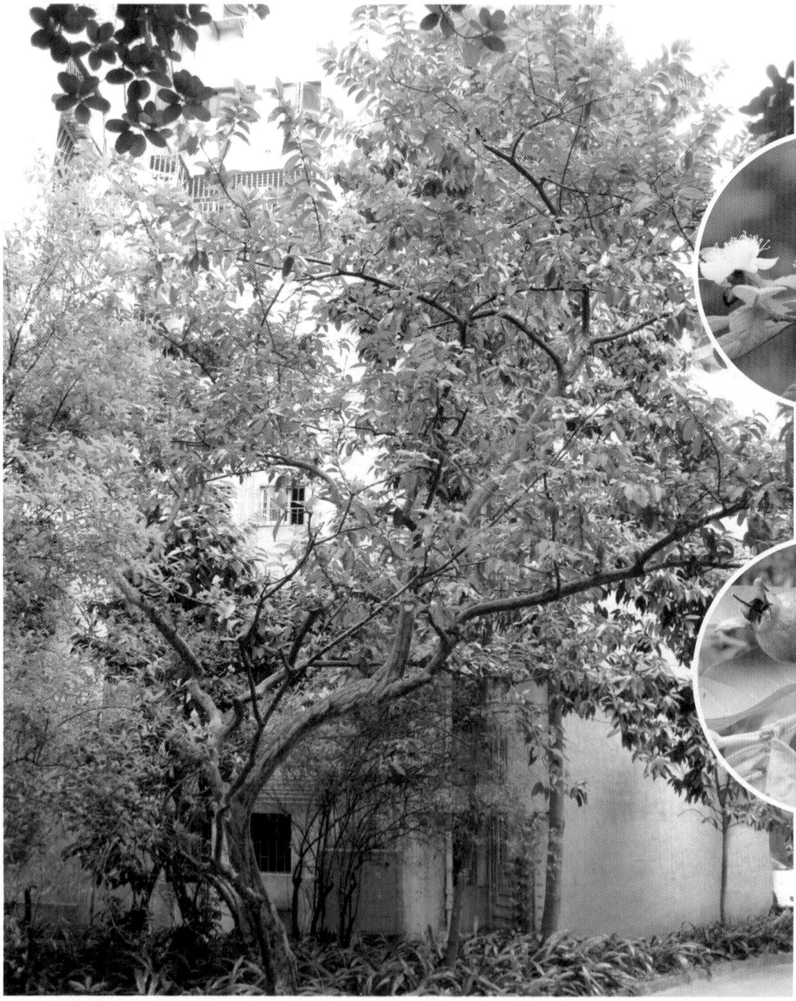

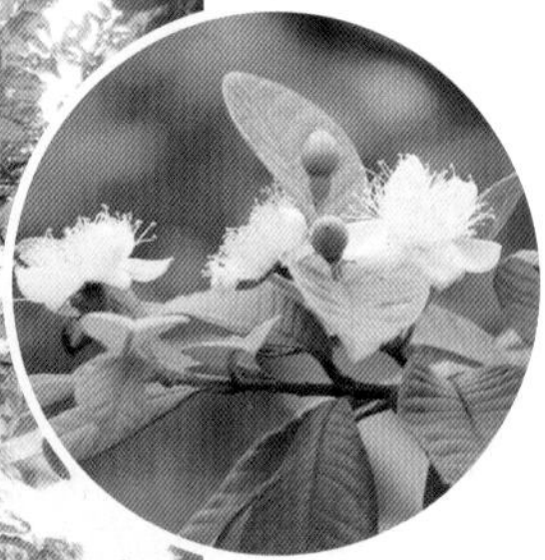

植物花期

5—6 月

花

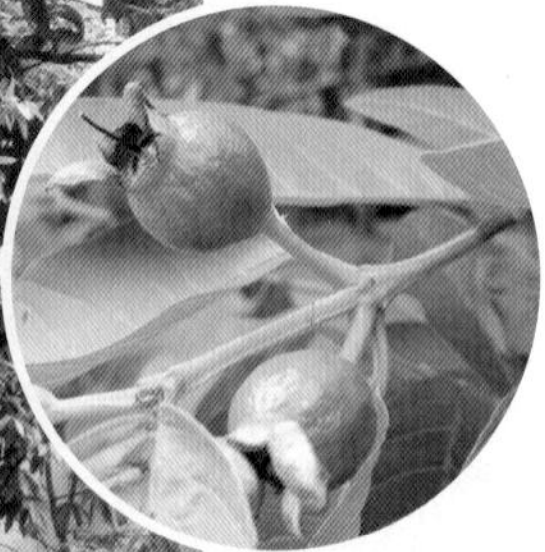

果

树种简介：

常绿小乔木，无直立主干，根系发达，为热带、亚热带水果，台湾称为“芭乐”或“拔仔”，含有较丰富的蛋白质、维生素 A、维生素 C 等营养物质及磷、钙、镁等微量元素，是非常好的保健食品。叶片革质，长圆形至椭圆形。花单生或 2~3 朵排成聚伞花序。浆果球形、卵圆形或梨形，顶端有宿存萼片。

树木类型：

常绿乔木

落叶乔木

主要观赏特性：

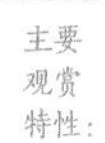

观果

观叶

观干

观花

观姿

抗风能力：

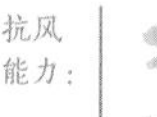

抗风强

抗风中

抗风弱

植物花期

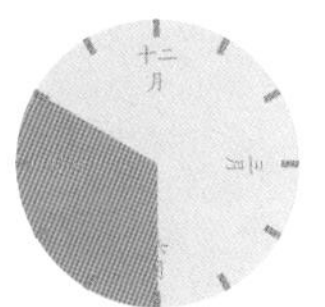

7—10 月

种名：肖蒲桃

别名：荔枝母、火炭木

学名：*Acmena acuminatissima*

科属：桃金娘科 Myrtaceae 肖蒲桃属 *Acmena*

产地分布：原产于我国海南、广西和广东。中南半岛也有分布。乡土树种。

适种区域：
道路绿化：路侧绿带
公园绿地：疏林草地 / 滨水区域 / 背景林

叶

花

树种简介：

常绿乔木，高可达 20 m，嫩叶红色期较长，为园林应用树种中较好的色叶树种。叶片对生或近对生，软革质，卵状披针形或狭披针形，先端尾状渐尖，基部阔楔形，侧脉多而密。圆锥花序顶生，花白色。浆果球形，成熟时果皮黑紫色，果肉紫红色，可食用，为观果及鸟嗜植物。

树木类型：

常绿乔木

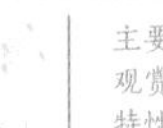

主要观赏特性：

观叶

观姿

抗风能力：

抗风中

种名：**钟花蒲桃**

别名：红车

学名：*Syzygium campanulatum*

科属：桃金娘科 Myrtaceae 蒲桃属 *Syzygium*

特别提示：鸟嗜植物。

产地分布：原产于亚洲热带地区。我国广东、香港和台湾有栽培。

适种区域：
道路绿化：渠化岛 / 路侧绿带
公园绿地：疏林草地

植物花期

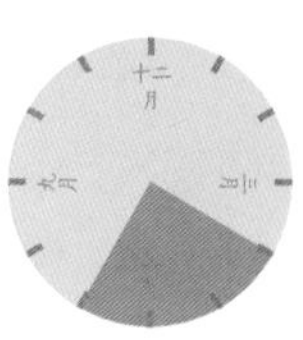

5—7 月

树种简介：

作为一种新优园林植物，近年在华南地区园林中崭露头角，一年内可抽新梢 10 余次，新叶红艳，是色叶树种中的佼佼者。单叶对生，新叶红色，叶长圆形。圆锥花序顶生，花小，白色。浆果球形，紫黑色。

叶

花序

果

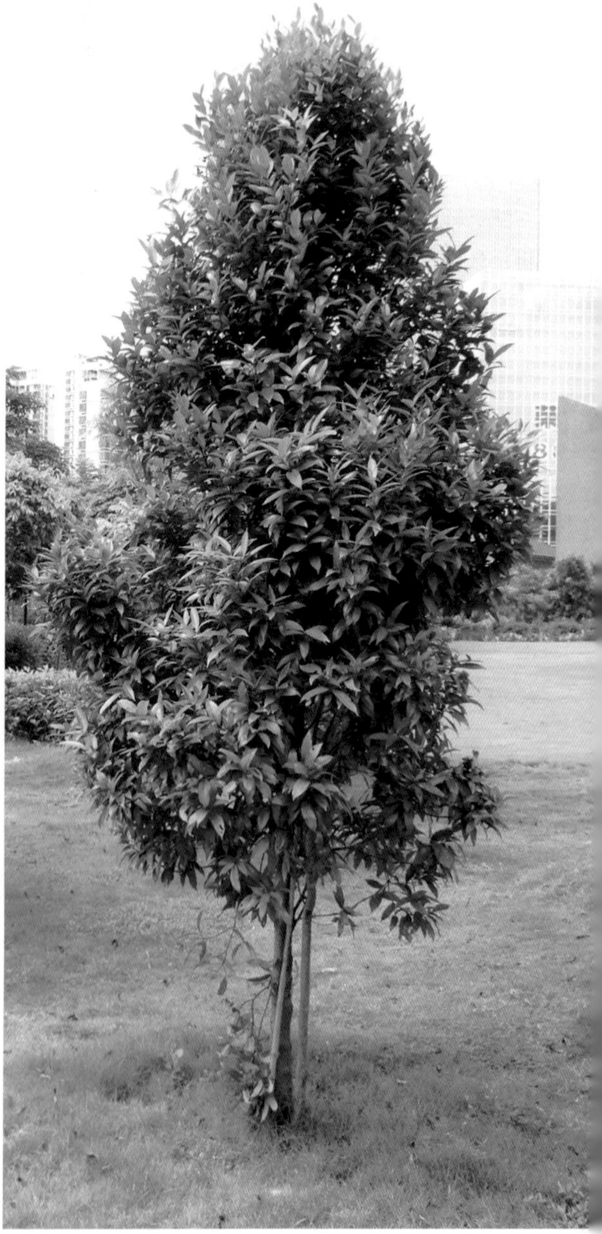

新叶红艳

树木类型：

常绿乔木

落叶乔木

主要观赏特性：

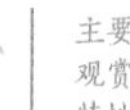
观果

观叶

观干

观花

观姿

抗风能力：

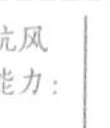
抗风强

抗风中

抗风弱

植物花期

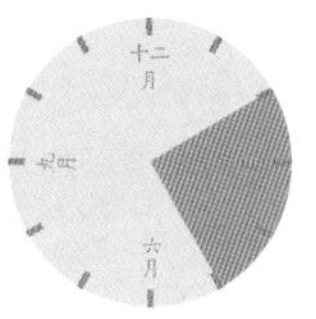

3—5 月

种名：**乌墨**

别名：海南蒲桃

学名：*Syzygium cumini*

科属：桃金娘科 Myrtaceae 蒲桃属 *Syzygium*

产地分布：原产于我国广西、海南。东南亚各国也有分布。乡土树种。

适种区域：
道路绿化：路侧绿带
公园绿地：疏林草地 / 背景林
滨海盐碱地：滨海绿地（含填海区）

特别提示：作行道树时，果实成熟季节，污染路面严重。

花序

浆果众多

树种简介：

常绿乔木，干直，高达 15 m，为优良的乡土树种，浆果熟时由紫红色变紫黑色，具光泽，果皮多汁如墨，尝之乌口，故又名“乌口树”，华南地区普遍栽植。叶对生，椭圆形或窄椭圆形。圆锥花序腋生或生于花枝顶端，花蕾倒卵圆形，花白色。果卵圆形，味酸甜可食，成熟的果子紫红色，累累如珠，为鸟嗜植物。

树木类型：

常绿乔木

主要观赏特性：

观花

观姿

抗风能力：

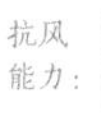

抗风中

种名：**蒲桃**

别名：水蒲桃

学名：*Syzygium jambos*

科属：桃金娘科 Myrtaceae 蒲桃属 *Syzygium*

产地分布：原产于我国海南。中南半岛也有分布。乡土树种。

适种区域：
道路绿化：路侧绿带
公园绿地：疏林草地 / 滨水区域 / 背景林

植物花期

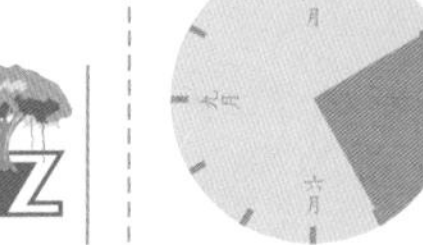

3—5 月

树种简介：

常绿乔木，主干极短，广分枝，高可达 10 m，热带地区良好的果树、庭园绿化树。叶片革质，披针形或长圆形，长 12~25 cm，宽 3~4.5 cm，先端长渐尖，基部阔楔形。聚伞花序顶生，有花数朵，花朵乳黄色，初夏乳白色如绒球般的花朵缀满枝头，好似笑靥的少女。果皮肉质，直径 3~5 cm，成熟时黄色，果实可鲜食，味道独特，也可与其他原料制成果酱、果膏。

花序

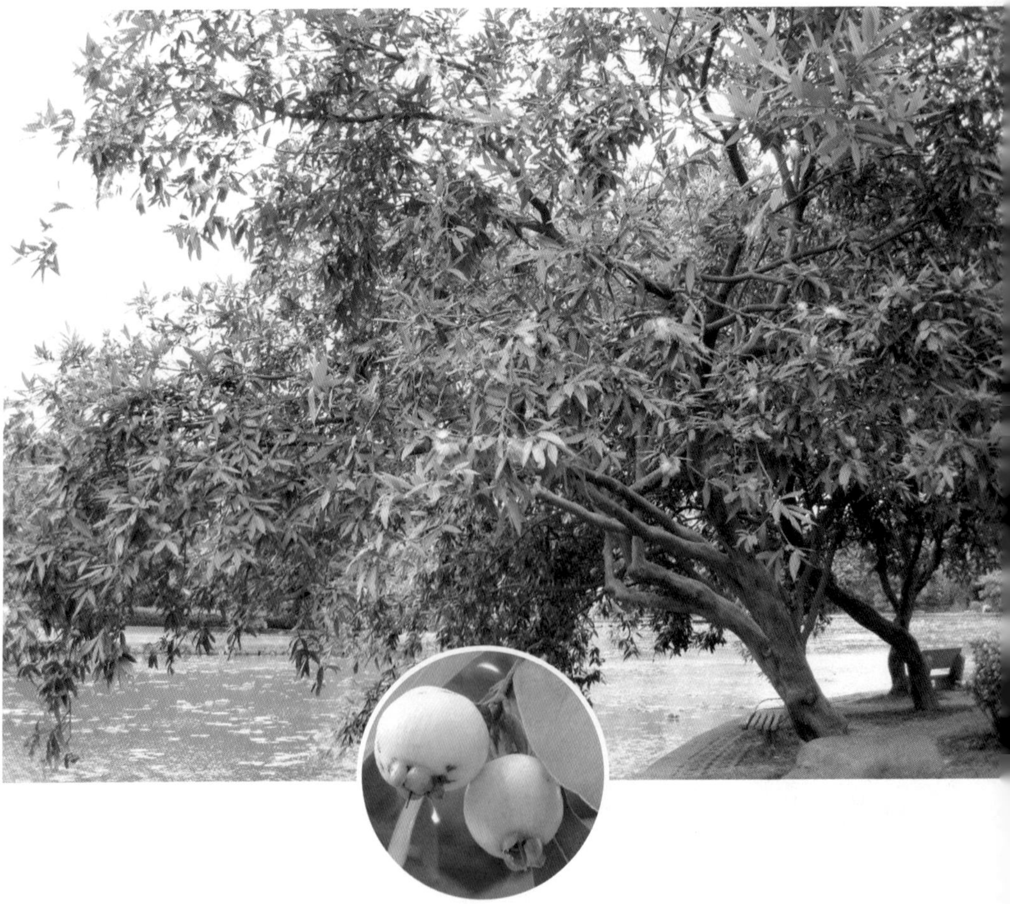

果

树木类型：

常绿乔木

主要观赏特性：

观果

观花

观姿

抗风能力：

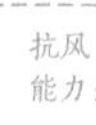
抗风强

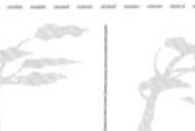

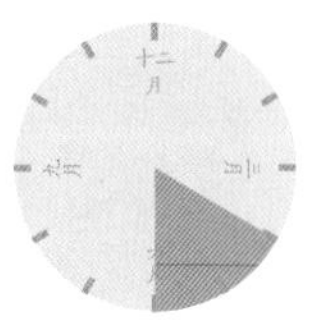

5—6 月

种名：**水翁**

别名：水榕

学名：*Syzygium nervosum*

科属：桃金娘科 Myrtaceae 蒲桃属 *Syzygium*

产地分布：原产于我国华南。东南亚各国也有分布。乡土树种。

适种区域：
道路绿化：路侧绿带
公园绿地：滨水区域 / 滨水区域 / 背景林

树种简介：

常绿乔木，耐湿性强，常自然生长在华南地区的低湿地带，是很好的护堤、护岸树种，中药上以“水翁皮”入药，性辛、温，有杀虫、止痒的功效。叶片薄革质，长圆形至椭圆形，长 11~17 cm。圆锥花序生于无叶的老枝上，长 6~12 cm；花无梗。浆果阔卵圆形，长 10~12 mm，直径 10~14 mm，成熟时紫黑色。

叶

花序

树木类型：

常绿乔木

主要观赏特性：

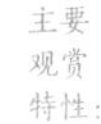

观花

观姿

抗风能力：

抗风强

种名：**洋蒲桃**

别名：莲雾

学名：*Syzygium samarangense*

科属：桃金娘科 Myrtaceae 蒲桃属 *Syzygium*

产地分布：原产于东南亚各国。我国华南有栽培。归化树种。

适种区域：
道路绿化：路侧绿带
公园绿地：疏林草地 / 滨水区域

植物花期

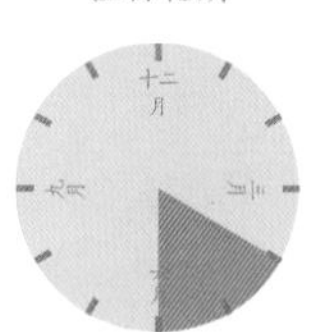

5—6 月

树种简介：

热带多年生常绿乔木，17 世纪引入我国台湾，20 世纪 30 年代后海南、广东、广西、福建和云南先后引种。洋蒲桃树冠广阔，四季常青，挂果期可长达 1 个月，是著名的热带果树、庭园绿化树和蜜源树。叶片薄革质，椭圆形至长圆形，长 10~22 cm，宽 6~8 cm。聚伞花序顶生或腋生，长 5~6 cm，有花数朵；花白色。果实梨形或圆锥形，肉质，洋红色，发亮，长 4~5 cm。

果

叶

树木类型：

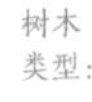

常绿乔木

落叶乔木

主要观赏特性：

观果

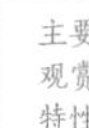

观叶

观干

观花

观形

抗风能力：

抗风强

抗风中

抗风弱

植物花期

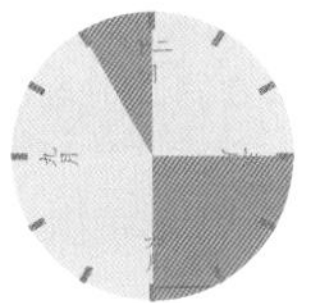

4—6 月，12 月

种名：**黄金蒲桃**

别名：黄金熊猫、金蒲桃

学名：*Xanthostemon chrysanthus*

科属：桃金娘科 Myrtaceae 金缨木属 *Xanthostemon*

产地分布：原产于澳大利亚。我国广东、香港、云南和海南有栽培。

适种区域：
道路绿化：路侧绿带 / 渠化岛
公园绿地：广场区域 / 疏林草地 / 滨水区域

花序

树种简介：

常绿小乔木，是澳大利亚特有的代表植物之一，为近年引入华南地区的著名观花植物。金灿灿的花朵开满枝梢，远看仿佛憨态可掬的熊猫脸，故此得名。叶对生、互生或丛生枝顶，披针形，全缘，革质，嫩叶暗红色。花簇生枝顶，金黄色，伞房花序，成年树盛花期，满树金黄，极为亮丽壮观。

果

树木类型：  常绿乔木 

主要观赏特性：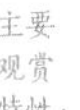      观花 

抗风能力：   抗风中 

使君子科

Combretaceae

种名：阿江榄仁

别名：三果木、柳叶榄仁

学名：*Terminalia arjuna*

科属：使君子科 Combretaceae 榄仁树属 *Terminalia*

产地分布：原产于东南亚各国。我国华南、西南南部有栽培。

适种区域：

道路绿地：行道树 / 路侧绿带

公园绿地：广场区域 / 疏林草地

植物花期

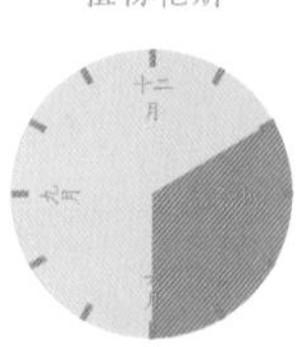

3—6 月

树皮

树种简介：

落叶大乔木，高可达 25 m，具有板根。阿江榄仁木材坚硬，可用于造船、建房，同时树体高大，树皮斑驳，枝条开展，是很好的园林绿化树种。叶片长卵形，冬季落叶前，叶色不变红。核果果皮坚硬，近球形，有 5 条纵翅。

花序

果具 5 条纵翅

树木类型：

常绿乔木

落叶乔木

主要观赏特性：

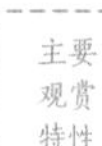

观果

观叶

观干

观花

抗风能力：

抗风强

抗风中

抗风弱

植物花期

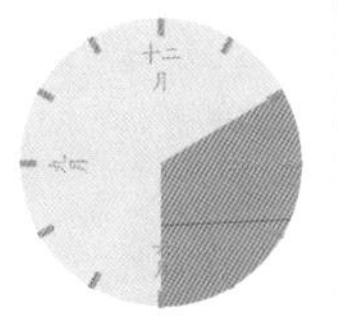

3—6 月

种名：**榄仁树**

别名：大叶榄仁、法国枇杷

学名：*Terminalia catappa*

科属：使君子科 Combretaceae 榄仁树属 *Terminalia*

产地分布：原产于亚洲热带地区。我国华南、西南南部有栽培。

适种区域：
道路绿化：行道树 / 分车绿带 / 路侧绿带
公园绿地：疏林草地
滨海盐碱地：滨海绿地（含填海区）

树种简介：

落叶乔木，榄仁树高大粗壮，在充足空间下，可生长成近似木棉的分层树冠，是理想的观叶乔木。叶大，可长达 25 cm，互生，常密集于枝顶，落叶前会转为美丽的紫红色，属冬色叶树种。花细小，白色或黄绿色，穗状花序，聚生于叶腋位置，两性花生于下部。果椭圆形，常稍压扁，具 2 棱，棱上具翅状的狭边。

冬色叶景观

叶

果

花序

树木类型：

落叶乔木

主要观赏特性：

观叶

观姿

抗风能力：

抗风强

使君子科

Combretaceae

种名：**小叶榄仁**

别名：细叶榄仁

学名：*Terminalia mantaly*

科属：使君子科 Combretaceae 榄仁树属 *Terminalia*

产地分布：原产于非洲东部。我国华南、西南南部及福建、台湾有栽培。

适种区域：
道路绿化：行道树 / 分车绿带 / 路侧绿带 / 渠化岛
公园绿地：广场区域 / 疏林草地
滨海盐碱地：滨海绿地（含填海区）

特别提示：在广州、澳门等地还可见三色小叶榄仁 *Terminalia mantaly* ‘Tricolor’。

植物花期

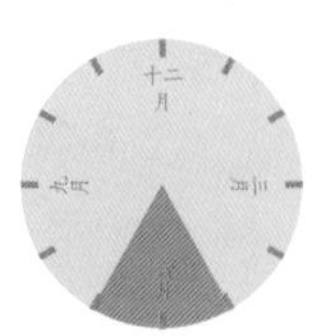

6—7 月

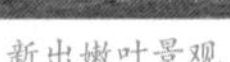
新出嫩叶景观

落叶景观

树种简介：

主干浑圆挺直，枝丫自然分层轮生于主干四周，层次分明，水平向四周开展，是理想的观姿树种，在我国华南广泛栽培。冬季枯叶凋落，满树嶙峋，但不失翩翩的优雅之姿；春季鹅黄的嫩叶缀满枝头，体现顽强的生命力。小叶琵琶形，具短茸毛。其花小而不显著，呈穗状花序。根群生长稳固后极抗强风吹袭，并耐盐分。

叶与果

花序

三色小叶榄仁

Terminalia mantaly ‘Tricolor’

树木类型：

常绿乔木

落叶乔木

主要观赏特性：

观果

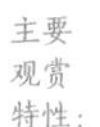
观叶

观干

观花

观姿

抗风能力：

抗风强

抗风中

抗风弱

植物花期

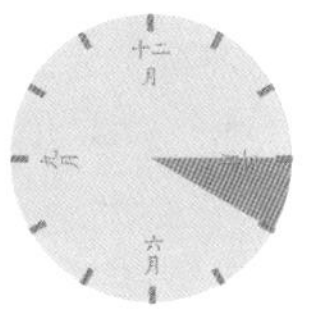

4月

种名：**莫氏榄仁**

别名：中叶榄仁、澳洲榄仁树、卵果榄仁

学名：*Terminalia muelleri*

科属：使君子科 Combretaceae 榄仁树属 *Terminalia*

产地分布：原产于亚洲热带地区及大洋洲。我国华南地区有栽培。

适种区域：
道路绿化：行道树 / 分车绿带 / 路侧绿带
公园绿地：疏林草地 / 背景林
滨海盐碱地：滨海绿地（含填海区）

特别提示：冬季叶片暗红，属冬色叶树种，较耐盐碱。

冬色叶景观

叶与果

树种简介：

落叶乔木，单干直立，树冠开阔，塔伞形，落叶前红色，为南方优良的冬色叶树种，常作景观树、行道树、庭荫树。叶倒卵状椭圆形，或倒卵形。穗状花序花繁多而细小。核果椭圆形压扁状，熟时黑色。

树木类型：

落叶乔木

主要观赏特性：

观叶

观姿

抗风能力：

抗风强

红树科

Rhizophoraceae

种名：**木榄**

别名：五梨蛟

学名：*Bruguiera gymnorrhiza*

科属：红树科 Rhizophoraceae 木榄属 *Bruguiera*

产地分布：原产于我国海南、福建、广东和广西。国外分布于除美洲外的热带滨海地区。乡土树种。

适种区域：
滨海盐碱地：沿海滩涂基干林带

植物花期

几乎全年

树种简介：

红树家族里，木榄是很重要的一位成员，常绿乔木，具膝状呼吸根及支柱根，是我国红树林滩涂的主要优势树种之一，常生长在水流较平静海泥淤积的内陆或海湾滩涂。叶对生，具长柄，革质，长椭圆形，先端尖。单花腋生；萼筒紫红色，钟形，常作8~12深裂，花瓣与花萼裂片同数，雄蕊约20枚。具胎生现象，胚轴暗红色，繁殖体圆锥形。

树木类型：

主要观赏特性：

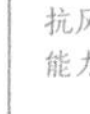

抗风能力：

植物花期

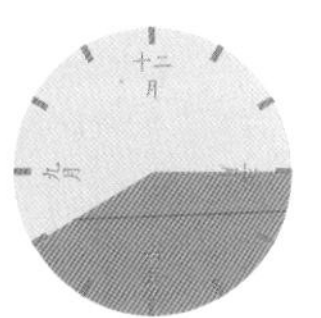

4—8 月

种名：**秋茄树**

别名：红榄、红浪、水笔仔

学名：*Kandelia candel*

科属：红树科 Rhizophoraceae 秋茄树属 *Kandelia*

特别提示：易受冻害。

产地分布：原产于我国福建、广东、香港、海南和广西。日本南部及东南亚各国也有分布。乡土树种。

适种区域：
滨海盐碱地：沿海滩涂基干林带

树种简介：

红树林常见树种，果实形状似笔，成熟后跟茄子非常相似。具独特的植物“胎生”现象，种子成熟后，几乎没有休眠期，就在果实中萌发，先是胚根突破了种皮，从果皮中钻出来，然后胚轴迅速生长，和胚根一起形成一个末端尖尖的像棒子一样的东西，当幼苗长到 20 cm 左右高时，就从子叶的地方脱落，离开了母体，成为一棵新植物。秋茄树既适于生长在盐度较高的海滩，又能生长于淡水泛滥的地区，且耐淹，这归功于它具有极发达的呼吸根。叶椭圆形、矩圆状椭圆形或近倒卵形。二歧聚伞花序。果实圆锥形，基部直径 8~10 mm；胚轴细长，长 12~20 cm。

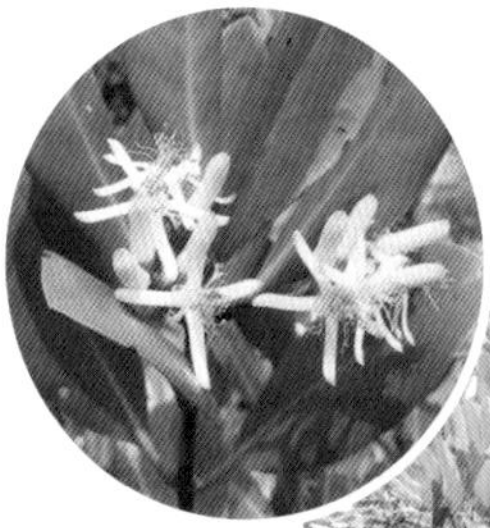

花

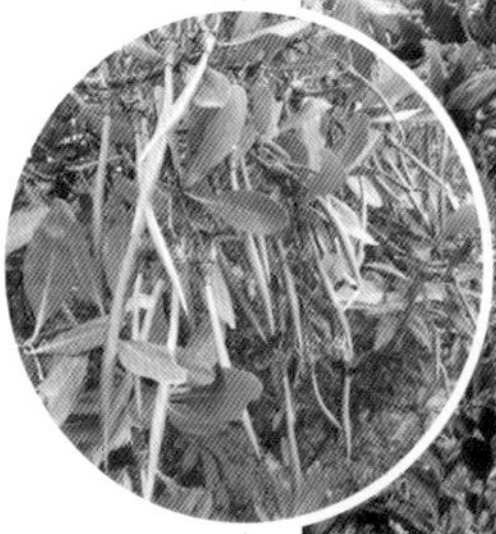

果

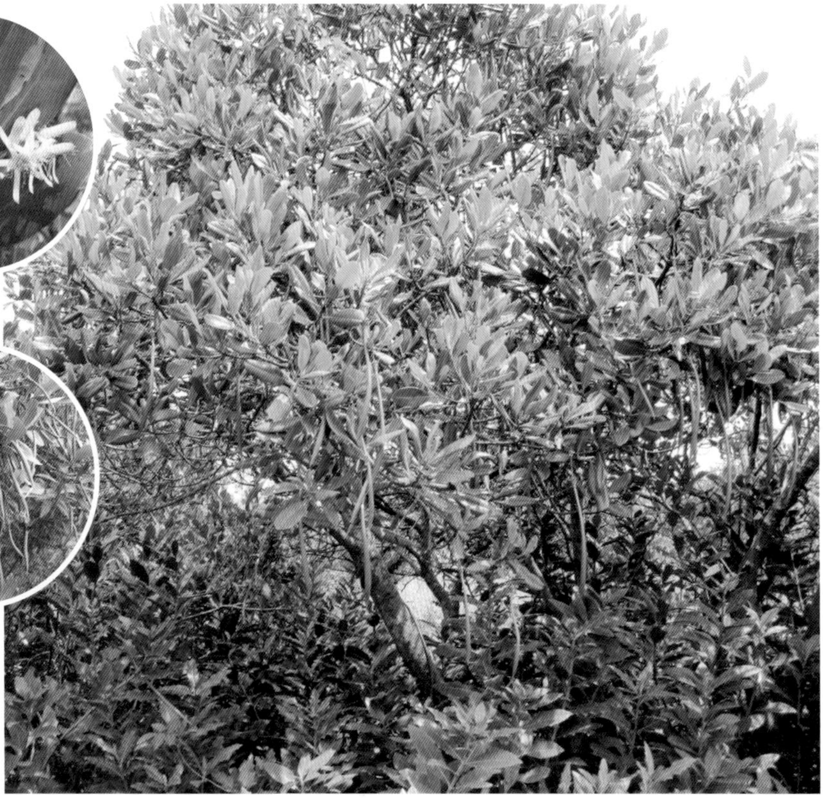

树木类型：

常绿乔木

主要观赏特性：

抗风能力：

抗风强

种名：**铁冬青**

别名：救必应、熊胆木、白银香、白银木

学名：*Ilex rotunda*

科属：冬青科 Aquifoliaceae 冬青属 *Ilex*

特别提示：雌雄异株，宜雌雄搭配种植。

产地分布：原产于我国长江以南各省区。韩国南部、日本及越南也有分布。乡土树种。

适种区域：
道路绿化：路侧绿带/渠化岛
公园绿地：广场区域/疏林草地/背景林

植物花期

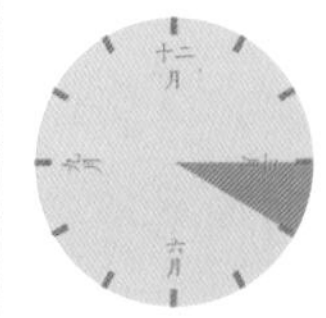

4月

树种简介：

常绿乔木，高可达 20 m，优良的园林观赏树种，成熟果实尤具特色，观赏性极佳。叶片薄革质或纸质，卵形、倒卵形或椭圆形。聚伞花序或伞形状花序，单生于当年生枝的叶腋。果近球形，鲜红色。铁冬青花后果由黄转红，枝叶青绿，累累红果，一串串缀满枝条，密密层层，整棵树都透出红艳的景色。铁冬青既是观果及风景林生态林营林植物，亦颇受鸟类的喜爱和取食，是很好的鸟嗜植物。

花序

果枝

树木类型：

常绿乔木

落叶乔木

主要观赏特性：

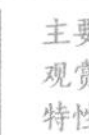

观果

观叶

观干

观花

观姿

抗风能力：

抗风强

抗风中

抗风弱

植物花期

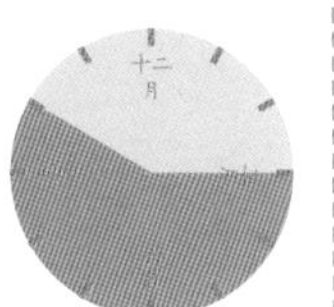

4—10 月

种名：石栗

别名：烛果树、黑桐油树

学名：*Aleurites moluccanus*

科属：大戟科 Euphorbiaceae 石栗属 *Aleurites*

产地分布：原产于东南亚。我国广东、广西、海南、福建和台湾有栽培。

适种区域：
道路绿化：路侧绿带
公园绿地：疏林草地 / 背景林

特别提示：易受绿翅绢野螟为害，防治参考武三安主编的《园林植物病虫害防治》第 2 版 p308~310。

树种简介：

常绿乔木，其树干挺直，树冠浓密，树皮灰色，具浅纵裂，高达 18 m，多作庭园树栽植。叶纸质，卵形至椭圆状披针形，萌生枝上的叶有时圆肾形，具 3~5 浅裂。花雌雄同株，同序或异序，花序长 15~20 cm。核果近球形或稍偏斜的圆球状，长约 5 cm，直径 5~6 cm。石栗种仁含油，可做油漆；新鲜的坚果有毒。

花序

果

树木类型：

常绿乔木

主要观赏特性：

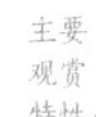

观果

观叶

观花

抗风能力：

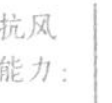

抗风中

大戟科

Euphorbiaceae

种名：**蝴蝶果**

别名：密壁、猴果、山板栗

学名：*Cleidiocarpon cavaleriei*

科属：大戟科 Euphorbiaceae 蝴蝶果属 *Cleidiocarpon*

产地分布：原产于我国广西、贵州南部和云南。越南、老挝、缅甸也有分布。乡土树种。

适种区域：
道路绿化：分车绿带 / 路侧绿带
公园绿地：疏林草地 / 背景林

植物花期

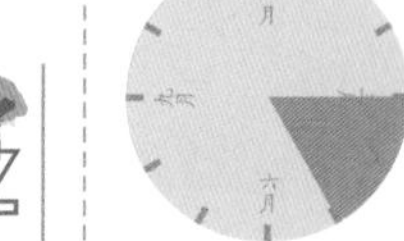

4—5 月

树种简介：

常绿乔木，为寡种属，我国仅此一种，是一种粮油兼用的经济树木。种子含油率 33%~39%，精制过的油可供食用。幼枝、花枝、果枝均有星状毛。叶集生小枝顶端，椭圆形或长圆状椭圆形，全缘。圆锥花序，顶生，花单性同序，雄花较小，在上部，雌花较大，1~3 朵，在下部。果实核果状，单球形或双球形，种子近球形。

叶

果

树木类型：

常绿乔木

落叶乔木

主要观赏特性：

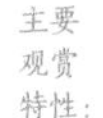

观果

观叶

观干

观花

观姿

抗风能力：

抗风强

抗风中

抗风弱

植物花期

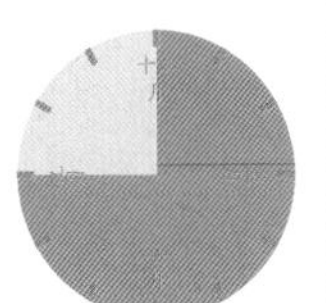

1—9 月

种名：**海漆**

别名：海漆树、水贼、水贼仔

学名：*Excoecaria agallocha*

科属：大戟科 Euphorbiaceae 海漆属 *Excoecaria*

产地分布：原产于我国香港、广东、海南和广西。东南亚各国也有分布。乡土树种。

适种区域：
滨海盐碱地：沿海滩涂基干林带

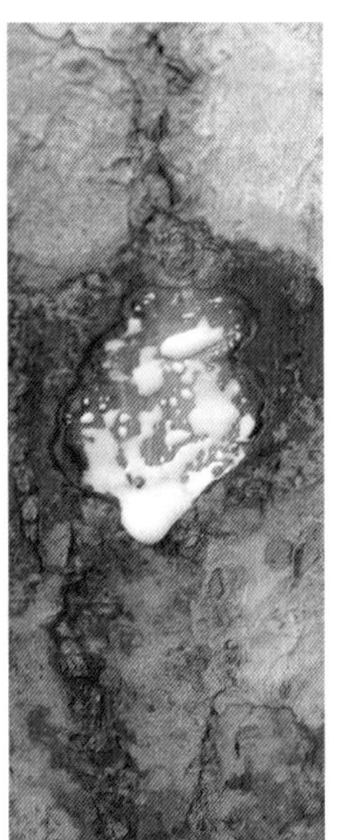

树皮汁液

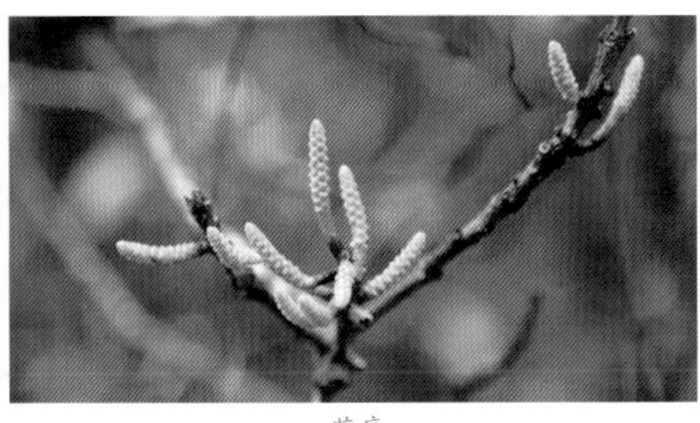

花序

果枝

树种简介：

海漆是红树林滩涂常见伴生植物，因植物体汁液有毒性，沿海地区用作箭毒或毒鱼用。叶互生，厚，近革质，叶片椭圆形或阔椭圆形，少有卵状长圆形。花单性，雌雄异株，聚集成腋生、单生或双生的总状花序。蒴果球形，具 3 沟槽，种子球形。

树木类型：

常绿乔木

主要观赏特性：

观叶

抗风能力：

抗风强

种名：**血桐**

别名：流血桐、毛桐、山桐子

学名：*Macaranga tanarius*

科属：大戟科 Euphorbiaceae 血桐属 *Macaranga*

产地分布：原产于我国海南、福建、广东、广西、云南和西藏。南亚及澳大利亚也有分布。乡土树种。

适种区域：
公园绿地：滨水区域
滨海盐碱地：滨海绿地（含填海区）

植物花期

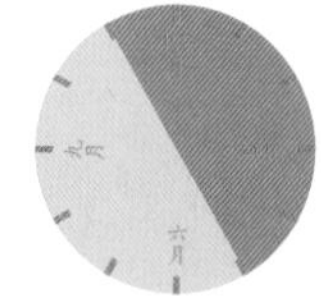

12 月至次年 5 月

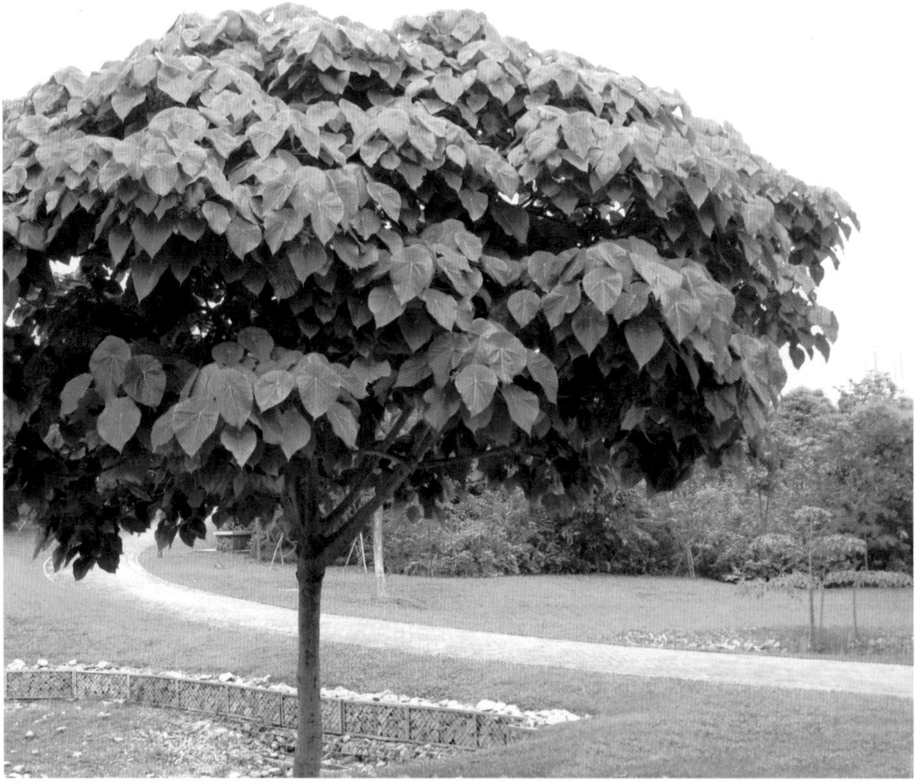

树种简介：

因树液红色而得名“血桐”。树冠圆伞状，树姿壮健，生长繁茂，为优良的绿荫树。耐盐碱及大气污染，是滨海地区及厂矿绿化的优良树种。叶盾形、宽卵形或钝三角形，单叶互生，丛生（簇生）于枝端，先端呈尾状锐尖。雌雄异株，雄花多密生形成圆锥花序，雌花花序簇生，花数少。蒴果，球形。

叶

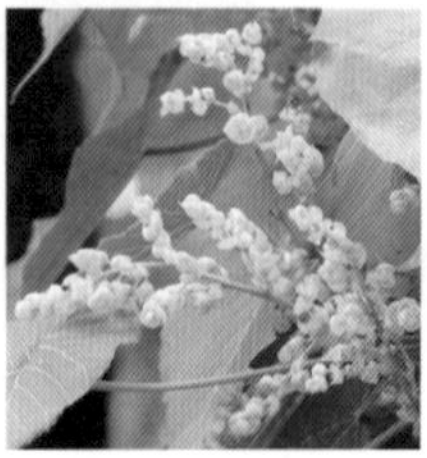

花

果

树木类型：

常绿乔木

主要观赏特性：

观叶

观姿

抗风能力：

抗风强

植物花期

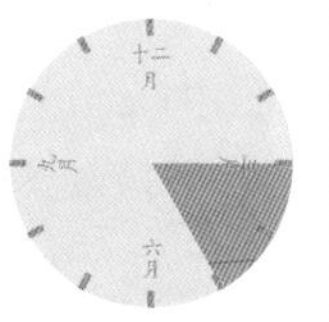

4—5 月

种名：**山乌柏**

别名：红叶乌桕、山柳、红心乌桕

学名：*Sapium discolor*

科属：大戟科 Euphorbiaceae 乌桕属 *Sapium*

产地分布：原产于我国秦岭以南各省区。乡土树种。

适种区域：
道路绿化：路侧绿带
公园绿地：疏林草地

种简介：

落叶小乔木，适应性强，耐干旱、贫瘠，是荒山造林的优良种，为南方地区难得的冬色叶树种，冬季山野，万绿丛中展现的满树红叶。单叶互生；纸质；椭圆状卵形。小花，黄白色，单雌雄同株。蒴果，球形，内有种子 5~6 粒。种子可榨油食用。

冬色叶

果

叶和花

树木类型：

落叶乔木

主要观赏特性：

观叶

观姿

抗风能力：

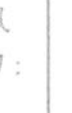

抗风强

种名：**乌柏**

别名：柏树、木蜡树

学名：*Sapium sebiferum*

科属：大戟科 Euphorbiaceae 乌柏属 *Sapium*

产地分布：原产于我国秦岭淮河以南各省区。日本、韩国南部也有分布。乡土树种。

适种区域：
道路绿化：路侧绿带
公园绿地：疏林草地 / 滨水区域

植物花期

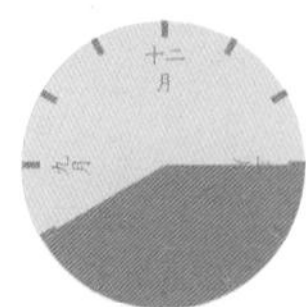

4—8 月

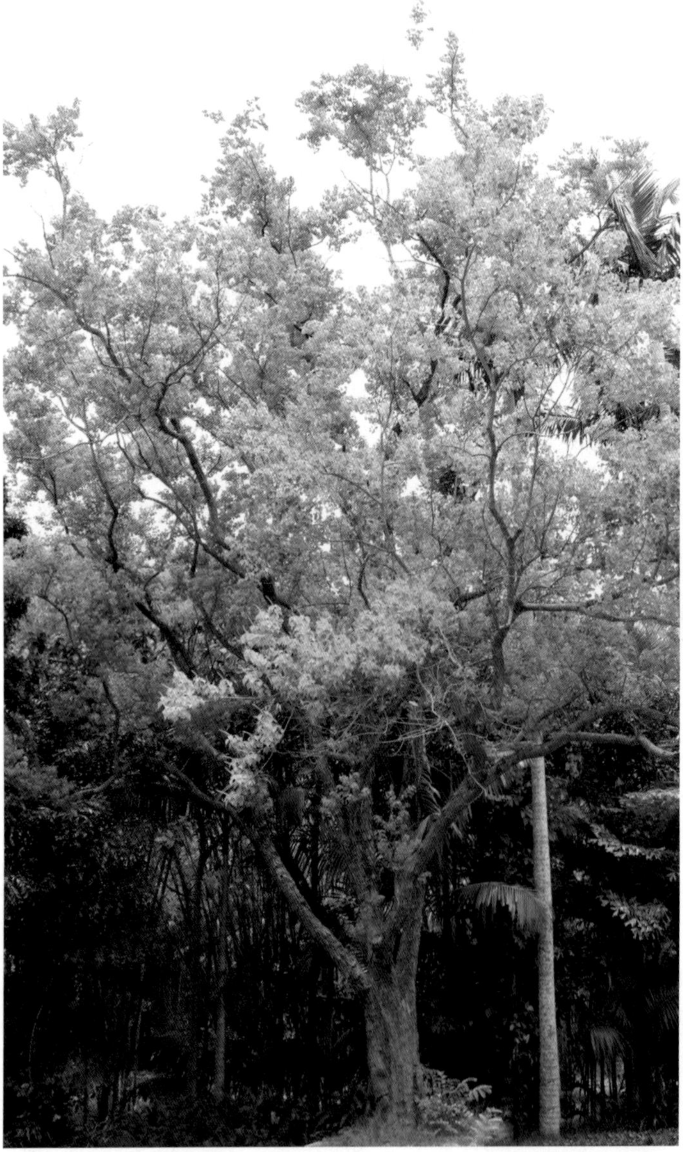

花序

树种简介：

落叶乔木，高达 15 m，树冠圆球形，体内含乳汁，为中国特有的经济树种，已有 1 400 多年的栽培历史。乌柏具有较高的经济价值，种子外被之蜡质称为“柏蜡”，种仁榨取的油称“柏油”或“青油”。乌柏具有极高的观赏价值，属冬色叶树种。单叶互生，纸质，菱状广卵形，先端尾状。穗状花序顶生，花小，黄绿色。蒴果三棱状球形，10—11 月成熟，熟时黑色，三裂，种皮脱落。种子黑色，外被白蜡，固定于中轴上，经冬不落。

树木类型：

落叶乔木

主要观赏特性：

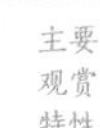

观果

观叶

观姿

抗风能力：

抗风中

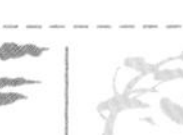

植物花期

4—5 月

种名：**木油桐**

别名：千年桐、广东油桐

学名：*Vernicia montana*

科属：大戟科 Euphorbiaceae 油桐属 *Vernicia*

产地分布：原产于我国长江流域及以南各省区。东南亚各国也有分布。乡土树种。

适种区域：
道路绿地：路侧绿带
公园绿地：疏林草地 / 背景林

桐花如雪

黄叶景观

花

果

树种简介：

落叶乔木，树冠呈水平展开，耐旱耐瘠，为良好的园景树及营林树种。“桐花如雪”，这是对春天山林间满树繁花的木油桐的美好写照。果实可榨油，可防腐隔水，是传统手工艺品油纸伞防水材料的主要成分。叶阔卵形，叶互生，冬日变黄，为南国不多见的冬色叶树种。花白色中稍带一点红，雌雄同株异花，花瓣 5 片。果实内有种子 3~5 颗。

树木类型：

落叶乔木

主要观赏特性：

观果

观花

抗风能力：

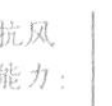

抗风中

种名：**五月茶**

别名：五味叶、五味子

学名：*Antidesma bunius*

科属：叶下珠科 Phyllanthaceae 五月茶属 *Antidesma*

产地分布：原产于我国华南地区。东南亚各国及澳大利亚也有分布。乡土树种。

适种区域：
道路绿地：路侧绿带
公园绿地：疏林草地 / 背景林

植物花期

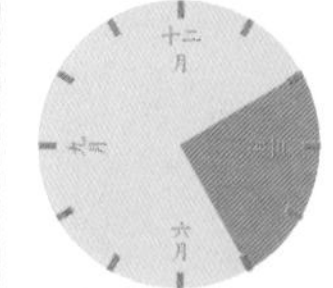

3—5 月

树种简介：

常绿乔木，树皮灰褐色，叶片纸质，富有光泽，优良的园林观赏树种。平日里虽形貌不奇，花果期却煞是可爱。春花夏果，雄花序为顶生的穗状花序，雌花序为总状花序，细密着于枝条上。果可食用，玲珑的核果绿得青涩，红得娇丽，紫得雍雅，因熟度不一而显得色彩缤纷，就像一串串美丽的玛瑙珠子累累垂于叶间。近年，逐渐被作为乡土园林植物应用于华南地区的小区及公园。

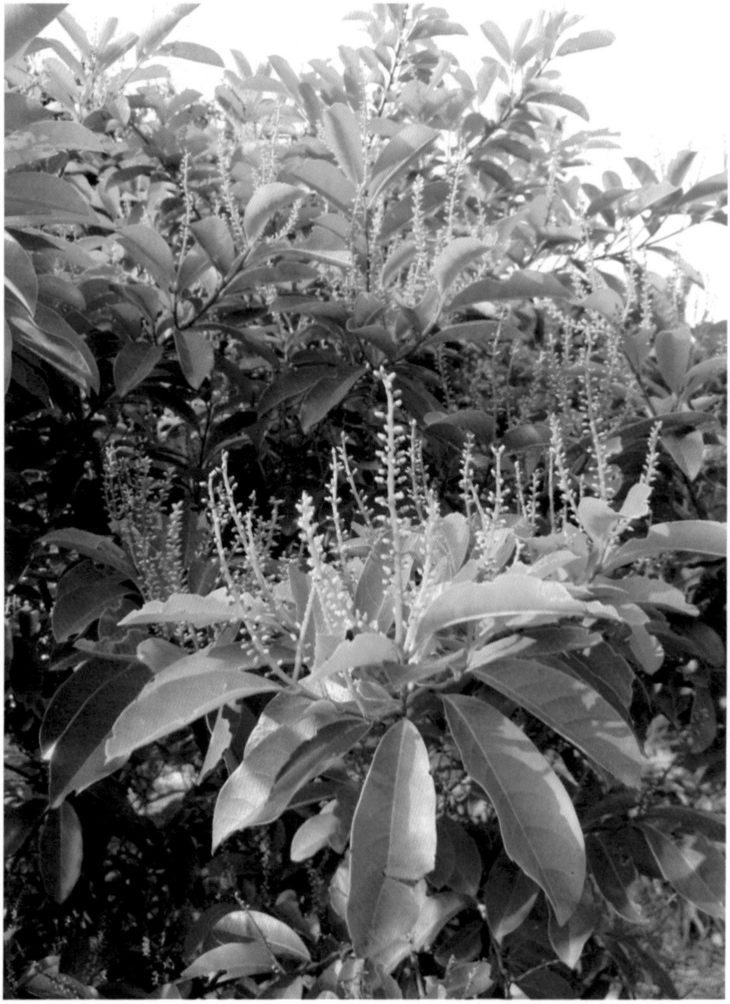

果

树木类型：

常绿乔木

落叶乔木

主要观赏特性：

观果

观叶

观干

观花

观姿

抗风能力：

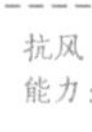

抗风强

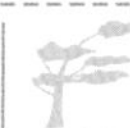

抗风中

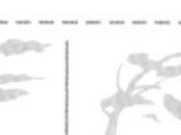

抗风弱

植物花期

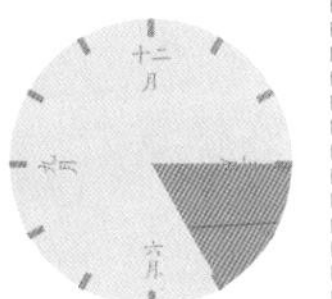

4—5 月

种名：**秋枫**

学名：*Bischofia javanica*

科属：叶下珠科 Phyllanthaceae 秋枫属 *Bischofia*

产地分布：原产于我国华南地区。东南亚各国及澳大利亚也有分布。乡土树种。

适种区域：
道路绿化：路侧绿带
公园绿地：疏林草地 / 背景林
滨海盐碱地：滨海绿地（含填海区）

特别提示：雌雄异株，易受秋枫木蠹蛾为害，防治参考武三安主编的《园林植物病虫害防治》第 2 版 p343~345。

叶

果

树种简介：

常绿大乔木，高可达 40 m，为热带和亚热带常绿季雨林中的主要树种，华南地区多有分布，树种寿命长，常见百年以上的古树。三出复叶，稀 5 小叶，总叶柄长 8~20 cm；小叶纸质，卵形、椭圆形、倒卵形或椭圆状卵形。雌雄异株，多朵组成腋生的圆锥花序；雄花序长 8~13 cm，被微柔毛至无毛；雌花序长 15~27 cm，下垂。果实浆果状，圆球形或近圆球形，直径 6~13 mm，淡褐色；种子长圆形。

树木类型：

常绿乔木

主要观赏特性：

观姿

抗风能力：

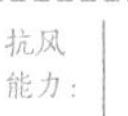

抗风中

叶下珠科

Phyllanthaceae

种名：**余甘子**

别名：油甘子、庵摩勒、滇橄榄

学名：*Phyllanthus emblica*

科属：叶下珠科 Phyllanthaceae 叶下珠属 *Phyllanthus*

产地分布：原产于我国云南、四川西南部和广西。乡土树种。

适种区域：
公园绿地：疏林草地

植物花期

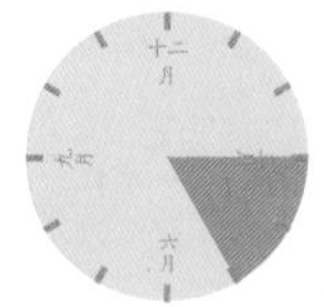

4—5 月

花序

树种简介：

果可生食用，鲜食酸甜酥脆而微涩，回味甘甜，故名余甘，果实含大量维生素 C，提纯可得良好的抗菌活性物质。耐贫瘠和干热环境，是我国干热河谷区的重要绿化及经济树种。叶互生于纤弱的小枝上，几无柄，密生而为明显的 2 列，极似羽状复叶。雄花具柄，极多数，雌花近无柄，常单独与雄花混生于上部叶腋内。果实肉质，直径约 1.5 cm，圆而稍带 6 棱，初为黄绿色，熟时变为赤色。

果

树木类型：

常绿乔木

落叶乔木

主要观赏特性：

观果

观叶

观干

观花

观姿

抗风能力：

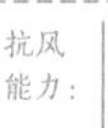

抗风强

抗风中

抗风弱

植物花期

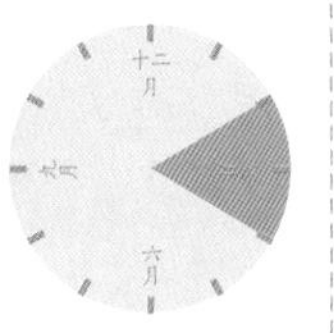

3—4 月

种名：**龙眼**

别名：桂圆

学名：*Dimocarpus longan*

科属：无患子科 Sapindaceae 龙眼属 *Dimocarpus*

产地分布：原产于我国广西、海南和云南。东南亚各国也有分布。乡土树种。

适种区域：

公园绿地：疏林草地

树种简介：

华南地区主要果用树种，栽培历史悠久，新鲜果肉俗称桂圆，民间喜食；果实晒干俗称龙眼肉，可煲汤或做甜品；木炭称龙眼炭，放置衣柜可起到去湿吸收异味的功效。羽状复叶，小叶 4~5 对，薄革质，长圆状椭圆形至长圆状披针形。花序大型，多分枝，顶生和近枝顶腋生。果近球形，直径 1.2~2.5 cm，通常黄褐色或有时灰黄色，外面稍粗糙。

花序

树木类型：

常绿乔木

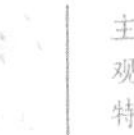

主要观赏特性：

观果

观姿

抗风能力：

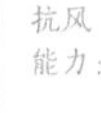

抗风强

无患子科

Sapindaceae

种名：**复羽叶栾树**

别名：国庆花、灯笼树

学名：*Koelreuteria bipinnata*

科属：无患子科 Sapindaceae 栾树属 *Koelreuteria*

产地分布：原产于我国长江以南各省区。乡土树种。

适种区域：
道路绿化：行道树 / 分车绿带 / 路侧绿带
公园绿地：疏林草地 / 停车区域

植物花期

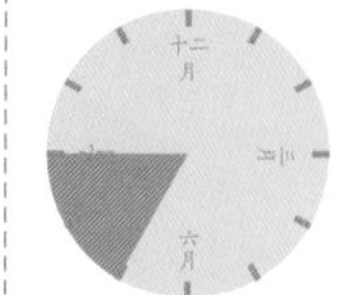

8—9 月

花

果

树种简介：

落叶乔木，树冠伞形，果期 10—11 月，国庆节前后其蒴果的膜质果皮膨大如小灯笼，鲜红色，成串挂在枝顶，如同花朵，因此又名“国庆花”。二回羽状复叶，长 45~70 cm。大型圆锥花序，长 35~70 cm，分枝广展。蒴果椭圆形或近球形，具 3 棱，淡紫红色，老熟时褐色。

红色蒴果似灯笼

冬色叶景观

树木类型：

常绿乔木

落叶乔木

主要观赏特性：

观果

观叶

观干

观花

观冠

抗风能力：

抗风强

抗风中

抗风弱

植物花期

3—4月

种名：荔枝

别名：离支、大荔、丹荔、甘节

学名：*Litchi chinensis*

科属：无患子科 Sapindaceae 荔枝属 *Litchi*

产地分布：原产于我国海南、广东、广西和福建南部。东南亚各国也有分布。乡土树种。

适种区域：
公园绿地：疏林草地

特别提示：易受荔枝椿象、毛毡病为害，防治参考武三安主编的《园林植物病虫害防治》第2版p277~279、p283~286

树种简介：

华南地区重要果树之一，栽培历史悠久，与香蕉、菠萝、龙眼一同号称“南国四大果品”。荔枝因杨贵妃喜食而闻名，使得杜牧写下“一骑红尘妃子笑，无人知是荔枝来”的千古名句。羽状复叶，小叶2对或3对；花序顶生，阔大，多分枝。花梗纤细。果卵圆形至近球形，长2~3.5 cm，成熟时通常暗红色至鲜红色；种子全部被肉质假种皮包裹。木材坚实，深红褐色，纹理雅致、耐腐，历来为上等名贵木材。荔枝也是南方常见的蜜源植物。

花

果

树木类型：常绿乔木 

主要观赏特性：观果 观花 

抗风能力：抗风强 

漆树科

Anacardiaceae

种名：**人面子**

别名：人面果、人面树、仁面、银莲果

学名：*Dracontomelon duperreanum*

科属：漆树科 Anacardiaceae 人面子属 *Dracontomelon*

特别提示：板根植物。

产地分布：原产于我国云南、海南和广西。东南亚各国也有分布。乡土树种。

适种区域：
道路绿化：行道树 / 分车绿带 / 路侧绿带
公园绿地：广场区域 / 疏林草地 / 停车区域

植物花期

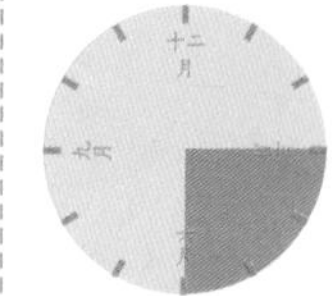

4—6 月

花

果

板根明显

树种简介：

常绿乔木，树冠宽广浓绿，树干基部具板根，甚为美观，是华南地区优良的园林树种。奇数羽状复叶，叶柄及总叶轴有角棱，并有细茸毛；小叶 14~18 片，互生。圆锥花序顶生或腋生，被柔毛；花小，长 5~6 mm，钟形，青白色。核果扁球形，成熟时黄色，果肉可食，果核压扁。

树木类型：

常绿乔木

落叶乔木

主要观赏特性：

观果

观叶

观干

观花

观姿

抗风能力：

抗风强

抗风中

抗风弱

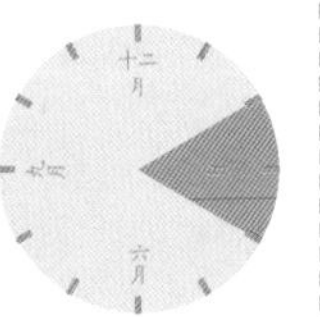

植物花期

3—4 月

种名：**杧果**

别名：芒果

学名：*Mangifera indica*

科属：漆树科 Anacardiaceae 杧果属 *Mangifera*

产地分布：原产于印度，我国福建、台湾、广东、广西、海南和云南有栽培。归化树种。

适种区域：

公园绿地：疏林草地

滨海盐碱地：滨海绿地（含填海区）

特别提示：易受壮铗普瘿蚊、流胶病为害，防治参考《深圳园林植物病虫害防治》p54、p40。

果

树种简介：

常绿乔木，树冠稍呈卵形或球形，树干直，为著名热带水果之一。叶薄革质，常集生枝顶，叶形和大小变化较大，通常为长圆形或长圆状披针形。花顶生，圆锥花序，花序直立，花小形，无梗，淡黄色，有芳香。核果大，肾形。杧果为具有后熟作用的水果，尚未成熟放在室温下使它成熟软化才可供食用。

树木类型：   常绿乔木 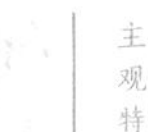

主要观赏特性：   观果    观花  观姿

抗风能力： 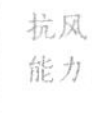  抗风强  

种名：**扁桃**

别名：天桃木

学名：*Mangifera persiciformis*

科属：漆树科 Anacardiaceae 杧果属 *Mangifera*

产地分布：原产于我国广西、海南和云南。东南亚各国也有分布。乡土树种。

适种区域：
道路绿化：行道树 / 路侧绿带
公园绿地：疏林草地
滨海盐碱地：滨海绿地（含填海区）

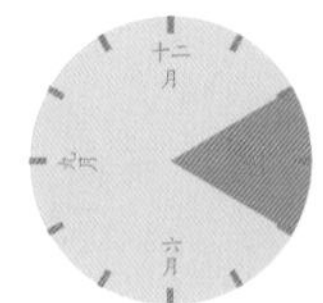

植物花期

3—4 月

果

新叶暗红色

盛花期景观

树种简介：

常绿阔叶乔木，冠大荫浓，树干通直，果可食，为亚热带名果，南宁市树。枝叶浓密，抗污染，为优良的园林绿化树种，嫩叶、繁花亦是极佳的植物景观。叶薄革质，狭披针形或线状披针形，长 11~20 cm，宽 2~2.8 cm，先端急尖或短渐尖，基部楔形。花黄绿色，芳香，为蜜源植物。果桃形，略压扁，成熟后呈淡黄色，易掉落。

树木类型：

常绿乔木

落叶乔木

主要观赏特性：

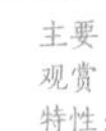
观果

观叶

观干

观花

观姿

抗风能力：

抗风强

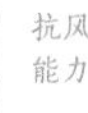
抗风中

抗风弱

植物花期

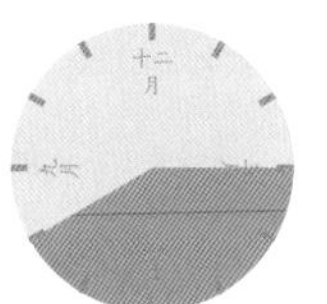

4—8 月

种名：**麻楝**

别名：阴麻树、白皮香椿

学名：*Chukrasia tabularis*

科属：楝科 Meliaceae 麻楝属 *Chukrasia*

产地分布：原产于我国贵州西南部、云南、西藏、海南、广东和广西。东南亚各国也有分布。乡土树种。

适种区域：
道路绿化：行道树 / 路侧绿带
公园绿地：疏林草地 / 停车区域 / 背景林

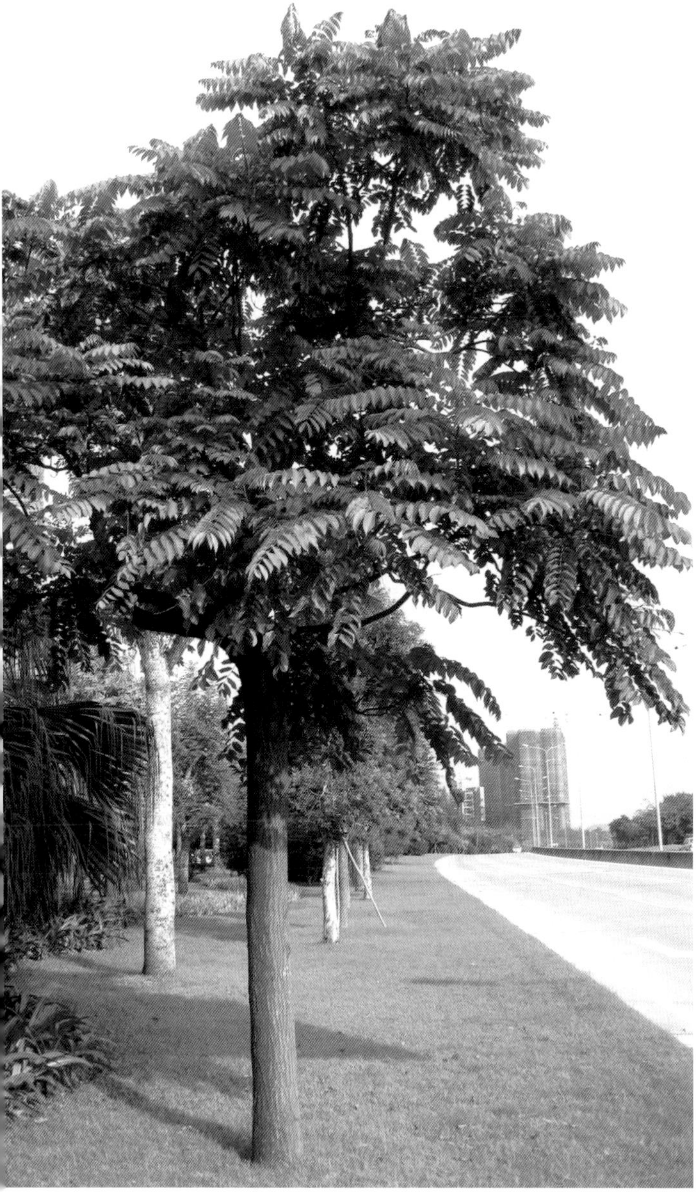

树种简介：

落叶或半落叶乔木，树冠广伞形，优良的园林绿化树种，广泛栽培于华南各省区。叶通常为偶数羽状复叶，小叶 10~16 片；小叶互生，纸质，嫩叶暗红色。圆锥花序顶生，疏散，具短的总花梗。蒴果灰黄色或褐色，近球形或椭圆形，顶端有小突尖。

嫩叶暗红色

花序

蒴果

树木类型：

主要观赏特性：

抗风能力：

楝科

Meliaceae

种名：**非洲楝**

别名：塞楝、非洲桃花心木

学名：*Khaya senegalensis*

科属：楝科 Meliaceae 非洲楝属 *Khaya*

产地分布：原产于西非。我国台湾、香港、广东、海南和云南普遍栽培。

适种区域：

公园绿地：疏林草地 / 背景林

滨海盐碱地：滨海绿地（含填海区）

植物花期

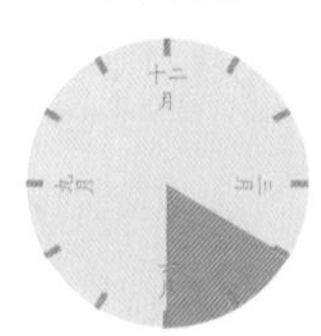

5—6 月

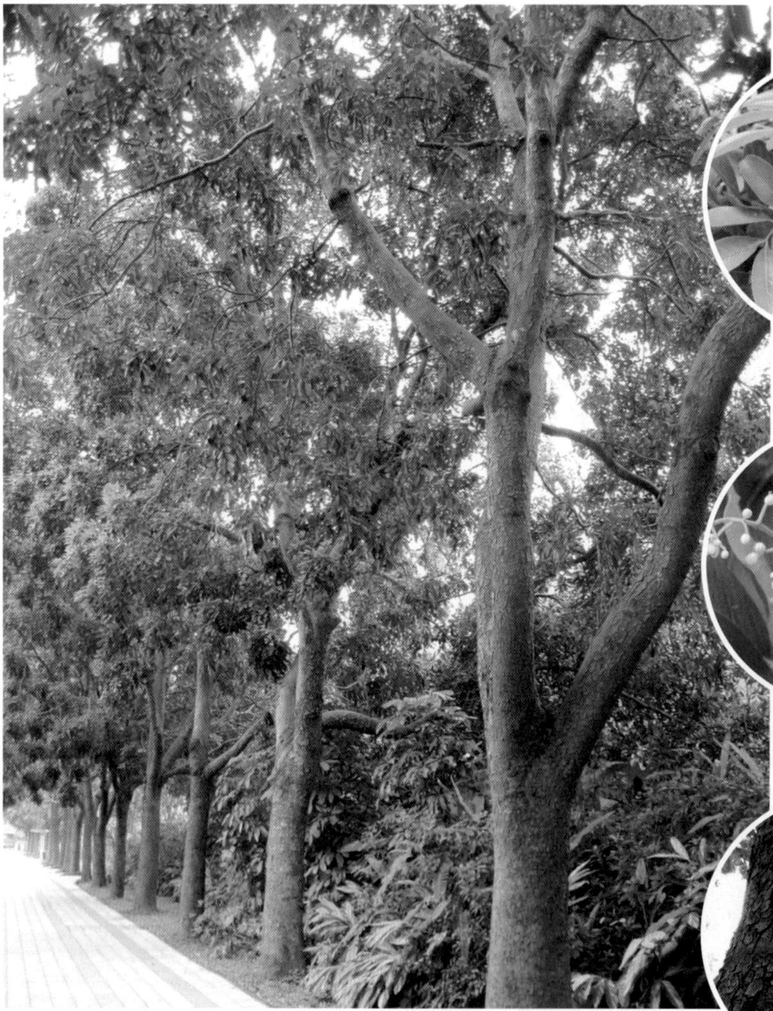

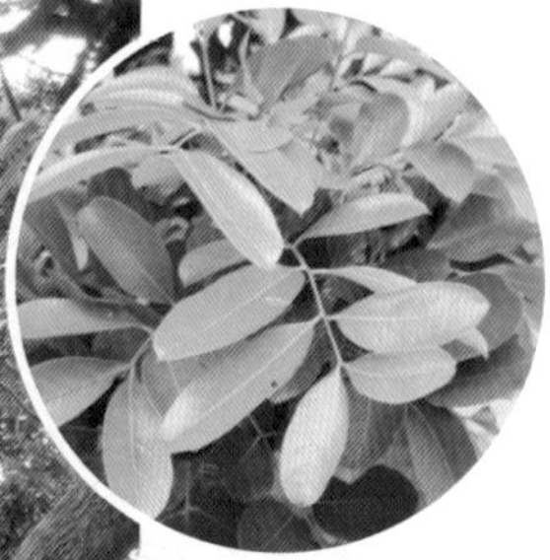

叶

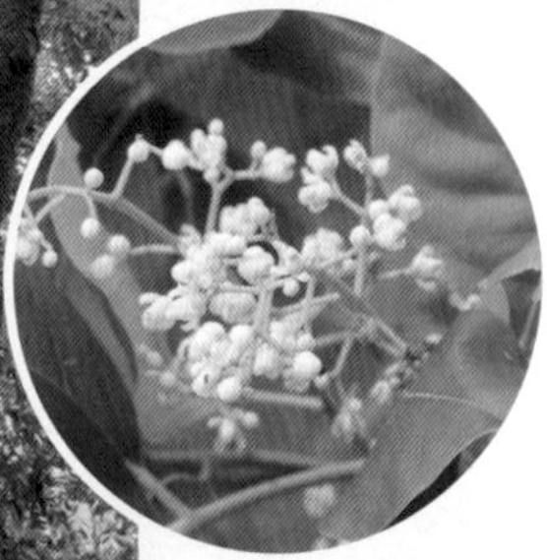

花

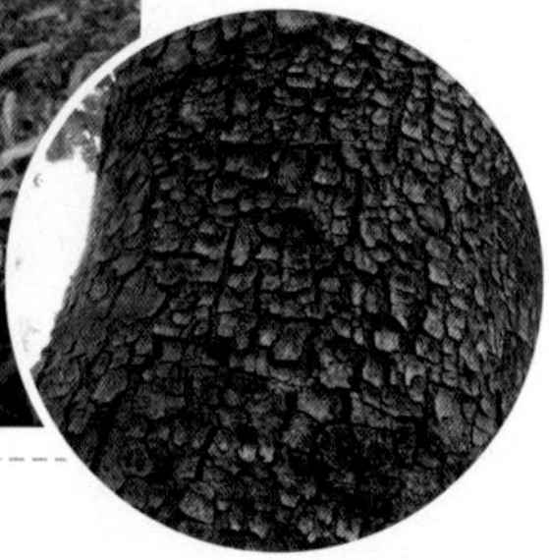

树皮

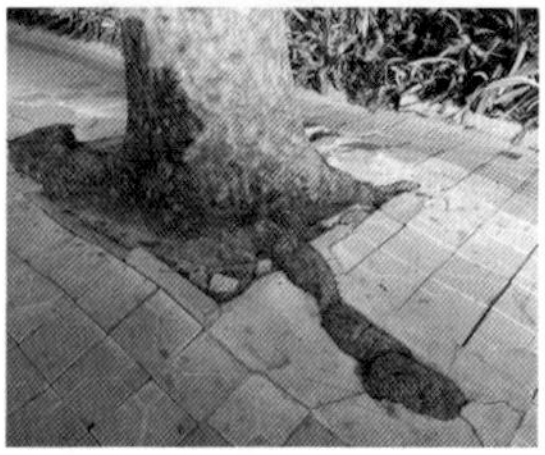

根系破坏铺砖路面

树种简介：

常绿高大乔木，树皮暗灰色，呈片状剥落，热带速生用材树种，良好的行道树和园林绿化树种。羽状复叶，小叶 6~16 片，近对生或互生，顶端 2 对小叶对生。圆锥花序顶生或腋生，短于叶，无毛。蒴果球形，成熟时自顶端室轴开裂，果壳厚，种子宽。木材强度高，耐久，抗白蚁，宜于制作地板、室内装饰配件及护墙板等。

树木类型：

常绿乔木

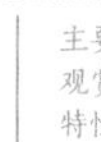

主要观赏特性：

观姿

抗风能力：

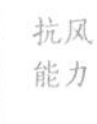

抗风强

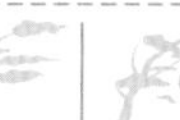

植物花期

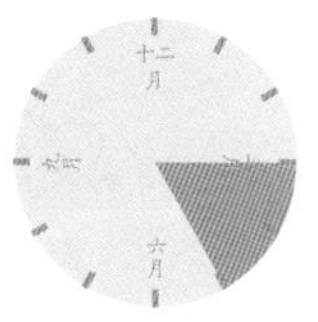

4—5月

种名：苦楝

别名：楝

学名：*Melia azedarach*

科属：楝科 Meliaceae 楝属 *Melia*

产地分布：原产于我国黄河流域及以南各省区。日本、韩国及东南亚各国也有分布。乡土树种。

适种区域：

道路绿化：行道树 / 路侧绿带

公园绿地：疏林草地 / 背景林

滨海盐碱地：滨海绿地（含填海区）

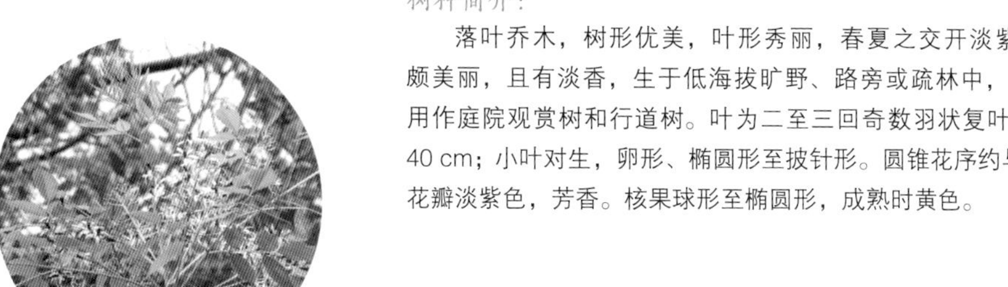

花

树种简介：

落叶乔木，树形优美，叶形秀丽，春夏之交开淡紫色花朵，颇美丽，且有淡香，生于低海拔旷野、路旁或疏林中，现已广泛用作庭院观赏树和行道树。叶为二至三回奇数羽状复叶，长 20~40 cm；小叶对生，卵形、椭圆形至披针形。圆锥花序约与叶等长，花瓣淡紫色，芳香。核果球形至椭圆形，成熟时黄色。

树木类型：

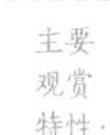

落叶乔木

主要观赏特性：

观花

观姿

抗风能力：

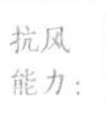

抗风强

楝科

Meliaceae

种名：**大叶桃花心木**

别名：洪都拉斯红木、中美桃花心木、洪都拉斯桃花心木

学名：*Swietenia macrophylla*

科属：楝科 Meliaceae 桃花心木属 *Swietenia*

产地分布：原产于南美洲和墨西哥，新加坡和夏威夷为归化植物，印度、印度尼西亚、斐济、新加坡广泛栽培，我国华南地区亦有栽培。

适种区域：

道路绿化：路侧绿带

公园绿地：疏林草地 / 背景林

植物花期

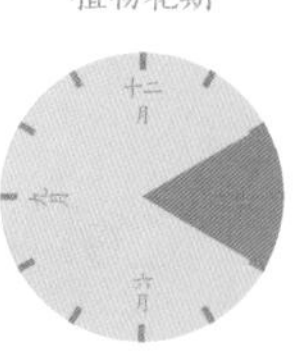

3—4 月

树种简介：

高大荫浓，树高可达 25 m，与非洲楝较为相似，我国广东、海南有栽培。一回羽状复叶，对生，小叶 3~7 对，呈斜卵形，两侧不对称。圆锥花序顶生或腋生。低龄树皮可见浅纵纹，老龄树皮呈明显纵向斑驳片裂纹。大叶桃花心木心材、边材区别明显，边材色浅，心材浅橙红褐色至粉红褐色。木材具丝绸般光泽，是高档用材树种。

叶

树皮

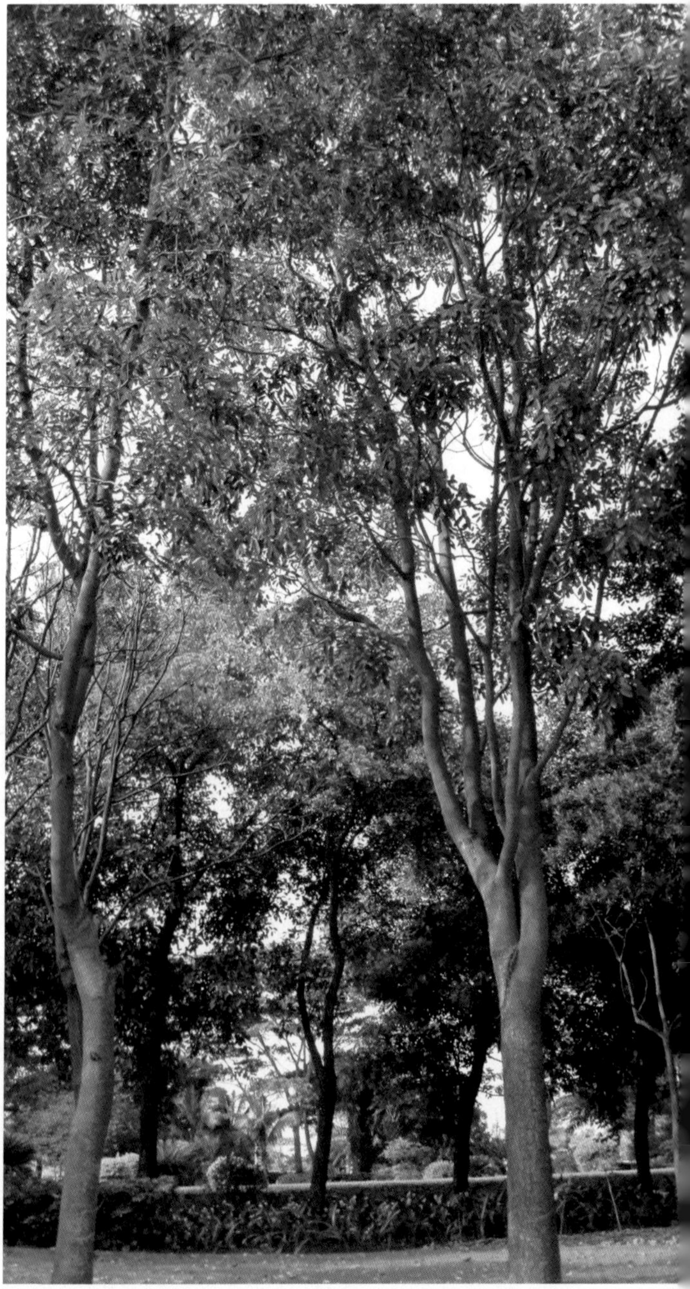

树木类型：

常绿乔木

主要观赏特性：

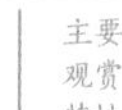

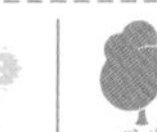

观姿

抗风能力：

抗风中

植物花期

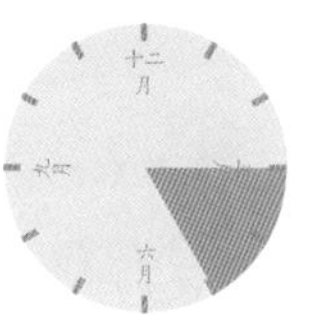

4—5 月

种名：**黄皮**

别名：黄批、黄罐子

学名：*Clausena lansium*

科属：芸香科 Rutaceae 黄皮属 *Clausena*

产地分布：原产于我国，东南部、南部及西南部常见栽培，世界热带及亚热带地区有栽培。

适种区域：
公园绿地：疏林草地

特别提示：本种果可食，为岭南著名水果，亦易招鸟，是优良的鸟嗜植物。

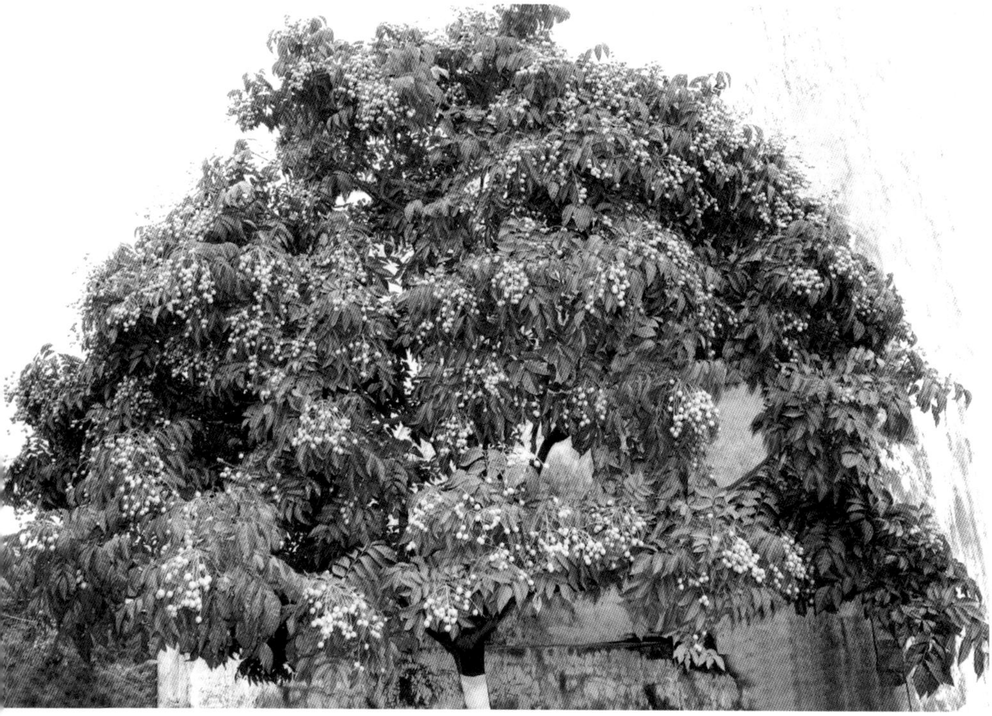

花序

果

树种简介：

常绿小乔木，为我国南方著名果品之一，具有较高的营养价值。除作水果外，常植于庭园观赏，既可赏花又可观果。奇数羽状复叶，小叶 5~11 片；小叶下面的脉上疏被短柔毛并密生油腺点。圆锥花序顶生，大型，有多数花；花瓣白色。果圆球形、椭圆体形或卵球形，淡黄色至暗黄色，密被短柔毛，疏生油腺点；果肉乳白色，半透明。

树木类型：

主要观赏特性：

抗风能力：

酢浆草科

Oxalidaceae

种名：**阳桃**

别名：杨桃、五敛

学名：*Averrhoa carambola*

科属：酢浆草科 Oxalidaceae 阳桃属 *Averrhoa*

产地分布：原产于亚洲东南部。我国东南部、南部和西南部常见栽培。归化树种。

适种区域：

公园绿地：疏林草地 / 滨水区域

植物花期

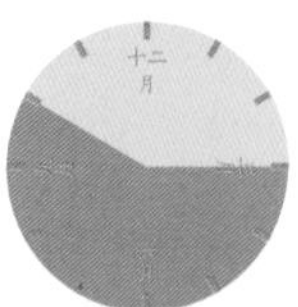

4—10 月

特别提示：偶受黑点褐卷叶蛾为害，防治参考武三安主编的《园林植物病虫害防治》第 2 版 p310~312。

树种简介：

常绿小乔木，高达 5~10 m，热带亚热带著名水果，味甜多汁，富营养，有生津止渴之效。羽状复叶互生，小叶 7~15 片，小叶片卵形、长圆形或椭圆形，侧生的两侧不等大。圆锥花序，腋生、顶生或生于老枝上，有多数花，花瓣在花蕾时暗红色，开放后粉红色或白色。浆果黄色、橙黄色或淡绿色，长圆形，有 5 条纵向的脊状隆起，横切面呈五角星形。

花

果

树木类型：

常绿乔木

主要观赏特性：

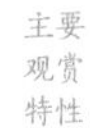

观果

观花

抗风能力：

抗风强

植物花期

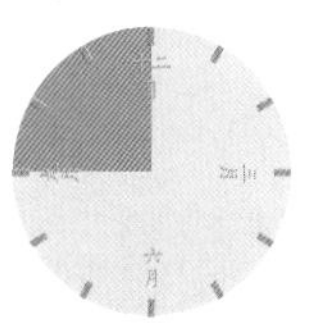

10—12 月

种名：**幌伞枫**

别名：富贵树、广伞枫、罗伞枫

学名：*Heteropanax fragrans*

科属：五加科 Araliaceae 幌伞枫属 *Heteropanax*

产地分布：原产于我国福建、广东、海南、广西和云南。印度、不丹、尼泊尔、缅甸、泰国和越南也有分布。我国南部常见栽培。乡土树种。

适种区域：
道路绿地：渠化岛 / 路侧绿带
公园绿地：疏林草地 / 背景林

特别提示：幼树可在树荫下或室内栽培，常用于盆栽供室内摆放。

树种简介：

常绿乔木，分枝少，茎干常具新月形叶痕及纵裂纹，幼树可在树荫下或室内栽培。叶为三至五回羽状复叶，大型，羽片、小叶对生，小叶椭圆形或卵状椭圆形。圆锥花序由多数伞形花序组成，大型，顶生，花芳香，淡黄色。核果卵球形或扁球形，微侧扁，具 2 纵沟，成熟时黑色。

花序

用作室内植物

树木类型：

常绿乔木

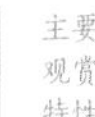

主要观赏特性：

观叶

观姿

抗风能力：

抗风强

五加科

Araliaceae

种名：**辐叶鹅掌柴**

别名：澳洲鸭脚木、昆士兰伞木

学名：*Schefflera actinophylla*

科属：五加科 Araliaceae 鹅掌柴属 *Schefflera*

产地分布：原产于亚洲东南部及澳大利亚。世界热带地区广泛栽培，我国东南部及南部常见栽培。

适种区域：
道路绿地：路侧绿带
公园绿地：疏林草地 / 背景林

特别提示：常用于盆栽供室内摆放或室外绿色背景墙。

植物花期

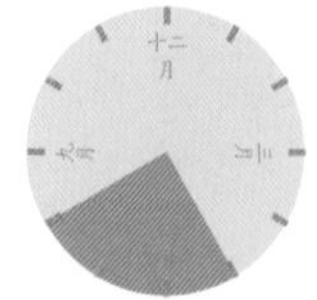

6—8 月

树种简介：

乔木，高可达 6 m，全株无毛，优良的园林观赏植物，亦常用于盆栽供室内摆放。掌状复叶有小叶 9~11 片；小叶长圆形、狭长圆形或狭椭圆形，基部楔形或宽楔形，先端骤尖。花序为大型的伞房状圆锥花序，顶生，由多数伞形花序组成；花序的分枝粗壮，生于下部的长达 1 m 或更长，上部的渐短；伞形花序近球形，具 10~20 朵花；花萼外面淡紫红色，内面白色。核果球形，成熟时红色。

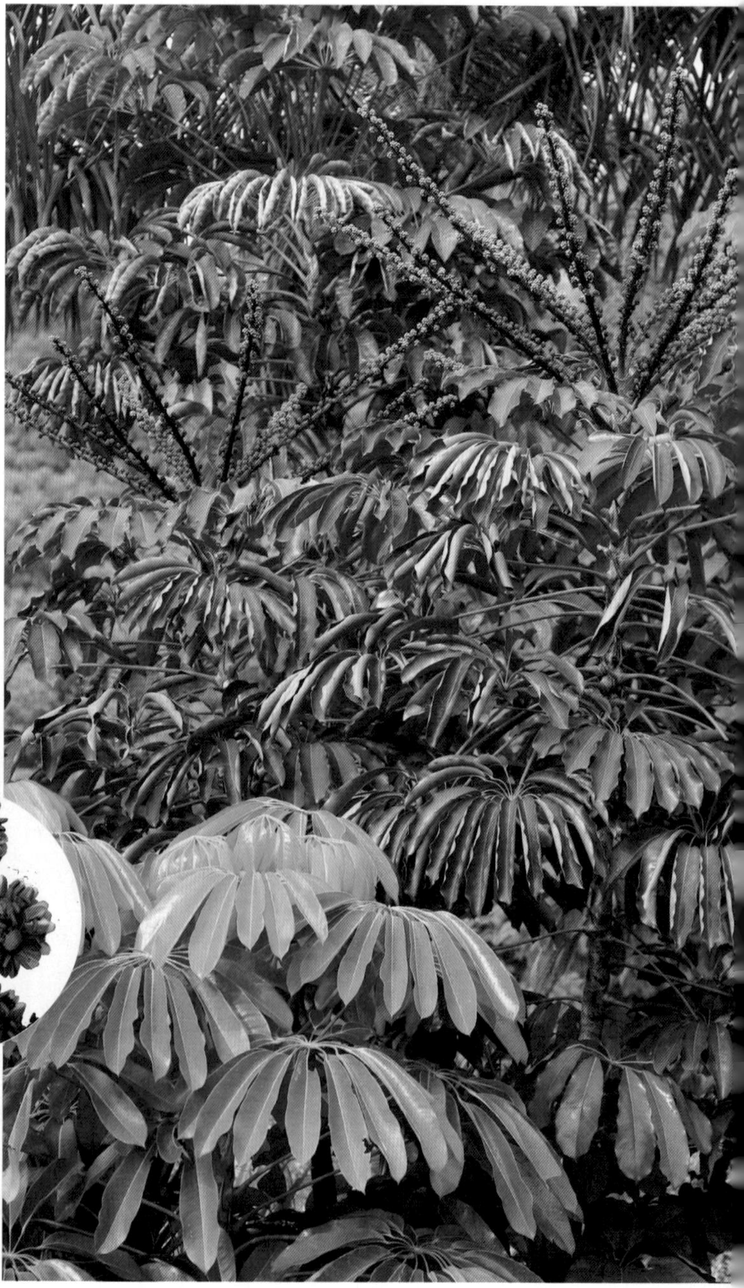

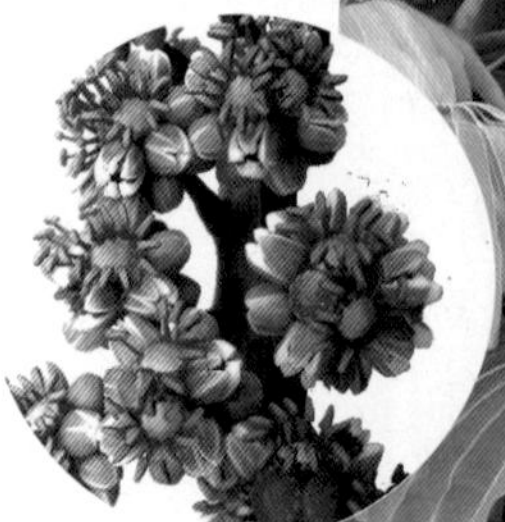

花序

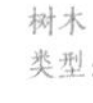
树木类型：

常绿乔木

主要观赏特性：

观叶

观花

观姿

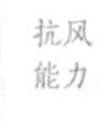
抗风能力：

抗风强

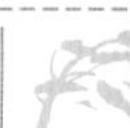

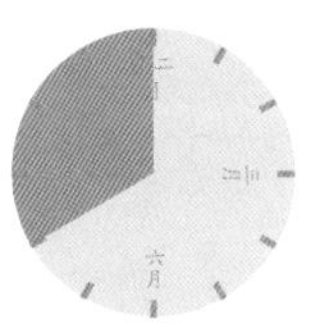

植物花期

9—12 月

种名：**鹅掌柴**

别名：鸭脚木、鹅掌木

学名：*Schefflera heptaphylla*

科属：五加科 Araliaceae 鹅掌柴属 *Schefflera*

产地分布：原产于我国西藏、云南、广西、广东、浙江、福建和台湾。日本、印度和越南也有分布。乡土树种。

适种区域：
道路绿地：路侧绿带
公园绿地：疏林草地

叶

花序

树种简介：

常绿小乔木，深圳山野乡土树种，秋冬季良好的蜜源植物。分枝粗壮，幼枝密被黄褐色星状毛，后毛渐脱落。小叶椭圆形、狭椭圆形、长圆形、狭长圆形、卵状椭圆形或倒卵状椭圆形，边缘全缘，但幼树之叶常有锯齿。圆锥花序顶生，由多数伞形花序组成，伞形花序有 10 多朵花，花白色，花瓣开花后反折。核果球形，无毛，成熟时黑色。

树木类型： 常绿乔木 

主要观赏特性：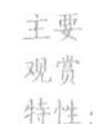       观姿

抗风能力：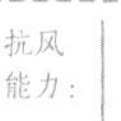  抗风中 

种名：**糖胶树**

别名：糖胶木、盆架子、黑板树

学名：*Alstonia scholaris*

科属：夹竹桃科 Apocynaceae 鸡骨常山属 *Alstonia*

产地分布：原产于亚洲热带地区及澳大利亚。我国东南部、南部和西南部常见栽培。

适种区域：
道路绿地：渠化岛 / 路侧绿带
公园绿地：疏林草地
滨海盐碱地：滨海绿地（含填海区）

植物花期

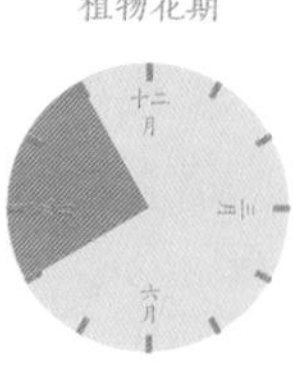

9—11 月

特别提示：本种花气味特殊，夜晚更甚，可能引起不适应，故工作和生活区附近不宜种植。易受绿翅绢野螟为害，防治参考武三安主编的《园林植物病虫害防治》第 2 版 p308~310。

树种简介：

常绿乔木，高可达 20 m，全株乳汁丰富，可提取口香糖原料，故名“糖胶树”。树形优美，枝条轮生，生长有层次如塔状，具皮孔，无毛。叶 3~10 片轮生，叶片窄倒卵形、倒卵状长圆形或倒披针形，下面浅绿色或苍白色，基部楔形，先端圆、钝、微凹或渐尖。聚伞花序排成紧密的伞房状或圆锥状，具多数花，花冠白色，内面密被短柔毛，裂片基部向左覆盖。种子长圆形，两端被红棕色缘毛。

花序

果如面条

树木类型：

主要观赏特性：
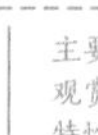

抗风能力：

植物花期

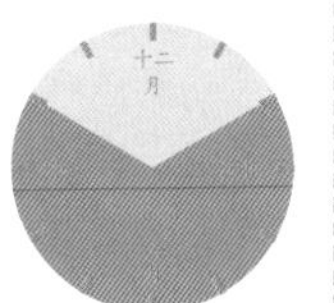

3—10 月

种名：**海杧果**

别名：海芒果、牛金茄

学名：*Cerbera manghas*

科属：夹竹桃科 Apocynaceae 海 果属 *Cerbera*

产地分布：原产于我国南部。乡土树种。

适种区域：
滨海盐碱地：滨海绿地（含填海区）
沿海滩涂基干林带

特别提示：果形似 果，但有剧毒，种植需考虑远离儿童活动区域，以免误食中毒。

果

树种简介：

常绿小乔木，海岸良好的防潮护堤树种。全株具乳汁；树皮灰褐色；枝条轮生，具明显的叶痕。叶常集生于小枝的上部；叶片厚纸质，窄倒卵状长圆形或倒卵状披针形，稀长圆形，基部楔形，先端钝或短渐尖。聚伞花序顶生；花冠高脚碟状，花冠裂片开花时平展，白色。核果双生或单生，球状或阔卵球状，未成熟时绿色，成熟时橙黄色。

花

树木类型：

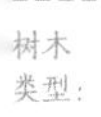

常绿乔木

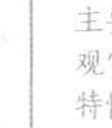

主要观赏特性：

观花

观姿

抗风能力：

抗风强

夹竹桃科

Apocynaceae

种名：红鸡蛋花

别名：红花鸡蛋花、光棍树

学名：*Plumeria rubra*

科属：夹竹桃科 Apocynaceae 鸡蛋花属 *Plumeria*

产地分布：原产于加勒比地区。我国东南部、南部和西南部常见栽培。

适种区域：
道路绿地：渠化岛 / 路侧绿带
公园绿地：广场区域 / 疏林草地 / 滨水区域

特别提示：易受锈病为害，防治参考武三安主编的《园林植物病虫害防治》第 2 版 p95~98。在深圳常见栽培的还有本种的栽培品种：鸡蛋花 *Plumeria rubra* 'Acuttifolia'，其花边缘白色，中心黄色或淡黄色，香味更浓。

植物花期

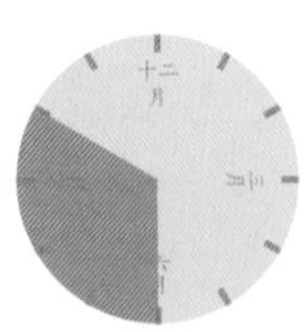

7—10 月

树种简介：

落叶小乔木，枝条粗壮而稍肉质，树皮灰绿色，全株具乳汁。叶片椭圆形、窄椭圆形或长圆状倒披针形，先端短渐尖或急尖，侧脉每边 30~40 条，下面突起，斜伸至边缘前网结而成边脉。聚伞花序顶生，二歧或三歧；花冠蜡质，红色、粉红色或紫红色。果双生，叉开，长圆体形，向先端渐狭。

花

鸡蛋花

Plumeria rubra 'Acuttifolia'

花

鸡蛋花又称"光棍树"

树木类型：

常绿乔木

落叶乔木

主要观赏特性：

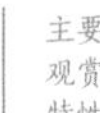
观果

观叶

观干

观花

观姿

抗风能力：

抗风强

抗风中

抗风弱

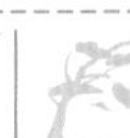

植物花期

几乎全年

种名：**大花茄**

别名：木番茄、双色木番茄

学名：*Solanum wrightii*

科属：茄科 Solanaceae 茄属 *Solanum*

产地分布：原产于南美洲安德斯地区。我国台湾、福建、广东、香港、广西和云南南部均有栽培。

适种区域：
道路绿地：路侧绿带
公园绿地：疏林草地

花

果

树种简介：

落叶小乔木，高 3~7 m，茎上部有分枝，疏生皮刺，花大艳丽，开花期长，为优良的木本花卉。叶互生，大型；叶片卵形或长卵形，基部浅心形，两侧不相等，边缘 3~4 浅裂至深裂。总状花序顶生或腋外生，连同花序轴、花梗和花萼外面均密被短腺毛和多细胞的长硬毛；花冠辐状，初开时蓝紫色，后变为白色。浆果球形，成熟后变墨绿色至黑色，外面光滑；宿存花萼的萼筒膨大成 5 个相连的坚实的乳突。

树木类型：

落叶乔木

主要观赏特性：

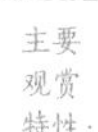
观果

观花

抗风能力：

抗风中

种名：**白骨壤**

别名：海榄雌、灰榄、海豆

学名：*Avicennia marina*

科属：爵床科 Acanthaceae 海榄雌属 *Avicennia*

特别提示：易受广州小斑螟和广翅蜡蝉为害。

产地分布：原产于我国广东、广西、福建、海南和台湾。非洲东部、东南亚各国及澳大利亚与新西兰也有分布。乡土树种。

适种区域：

滨海盐碱地：沿海滩涂基干林带

植物花期

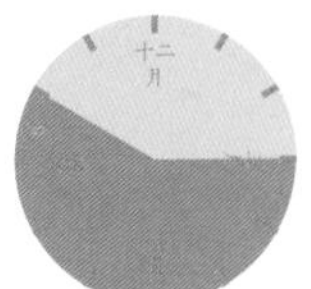

4—10 月

发达的指状气生根

树种简介：

灌木或小乔木，植株高 1.5~6 m，生长于海滨泥滩地，为红树林先锋树种，树皮灰白色，嫩枝有毛，因其茎干白色得名“白骨壤”。单叶对生，革质或纸质，椭圆形，两面具盐腺，有泌盐现象。花黄绿色或橘红色，无柄，数朵簇生于枝顶。果为蒴果，扁桃形，绿色。具有发达的指状气生根，根系范围宽度可达树冠的 3~5 倍，为典型的沼泽湿地植物特性。

枝干

果

叶片遭受广州小斑螟为害

树木类型：

常绿乔木

落叶乔木

主要观赏特性：

观果

观叶

观根

观花

观香

抗风能力：

抗风强　抗风中　抗风弱

植物花期

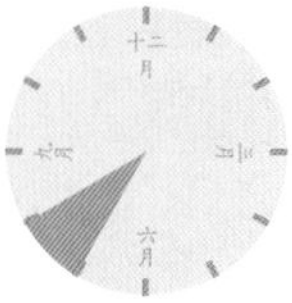

8 月

种名：**柚木**

别名：胭脂木

学名：*Tectona grandis*

科属：唇形科 Lamiaceae 柚木属 *Tectona*

产地分布：原产于印度、缅甸、马来西亚和印度尼西亚。我国南部普遍栽培。

适种区域：

道路绿地：路侧绿带

公园绿地：疏林草地 / 停车区域 / 背景林

滨海盐碱地：滨海绿地（含填海区）

特别提示：易受冻害和豹蠹蛾为害，防治参考武三安主编的《园林植物病虫害防治》第 2 版 p343~345。

树种简介：

热带高大阔叶乔木，植株高 10~20 m，世界著名用材树种，材质坚硬，纹理通直，色泽美观。小枝淡灰褐色，具 4 钝棱和 4 浅沟。叶柄粗壮，具白色的皮孔。叶大型，厚纸质，卵状椭圆形或卵形，下面密被灰褐色至黄褐色星状长茸毛。圆锥花序顶生，花芳香；花冠白色，平展或反卷。核果球形，外果皮茶褐色，密被褐色星状茸毛，内果皮骨质，全部被宿存花萼所包。

叶

树木类型：

落叶乔木

主要观赏特性：

观叶

观姿

抗风能力：

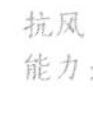

抗风中

紫葳科

Bignoniaceae

种名：**猫尾木**

别名：毛叶猫尾木

学名：*Markhamia stipulata* var. *kerrii*

科属：紫葳科 Bignoniaceae 猫尾木属 *Markhamia*

产地分布：原产于我国广东、海南、广西和云南，现台湾、福建、香港和澳门有栽培。乡土树种。

适种区域：

道路绿地：行道树 / 分车绿带 / 路侧绿带

公园绿地：广场区域 / 疏林草地 / 停车区域

滨海盐碱地：滨海绿地（含填海区）

植物花期

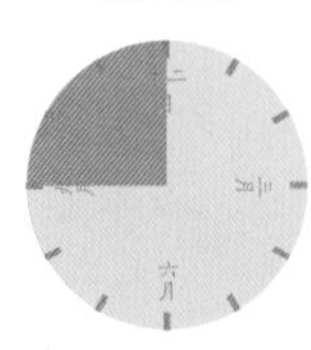

10—12 月

树种简介：

常绿乔木，高 10~15 m，因其果为条形且密被棉毛，酷似猫尾，得名“猫尾木”。枝条、叶柄、叶轴和小叶柄均于幼时密被淡黄褐色曲柔毛，老后近无毛。羽状复叶，小叶 9~17 片；小叶近纸质，长圆形、椭圆形或卵状披针形，先端骤尖或尾状。总状花序顶生，具 10 余朵花；漏斗形，花冠筒紫红色。蒴果条形，扁，外面密被黄褐色棉毛。

花

果似猫尾

树木类型：

常绿乔木

主要观赏特性：

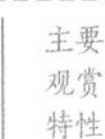

观果

观花

抗风能力：

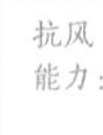

抗风强

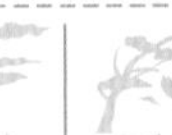

植物花期

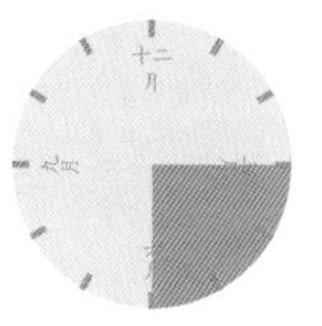

4—6月

种名：**蓝花楹**

别名：巴西紫葳

学名：*Jacaranda mimosifolia*

科属：紫葳科 Bignoniaceae 蓝花楹属 *Jacaranda*

产地分布：原产于巴西、玻利维亚和阿根廷。我国东南部、南部和西南部常见栽培。

适种区域：
道路绿地：行道树 / 分车绿带 / 路侧绿带
公园绿地：疏林草地 / 背景林

花

果

树种简介：

落叶乔木，高 10~15 m，优良的观花树种，花序生于枝顶，一片蓝紫色。二回羽状复叶，羽片 27~45 枚，小叶 35~51 片；狭长圆形或狭椭圆形。聚伞圆锥花序顶生，由多数复二歧聚伞花序组成，具多数花；花有香气；花冠蓝色，花冠筒 1/3 以下较细，向上膨大，檐部微呈二唇形，具 5 裂片。蒴果扁，圆形或卵圆形，成熟时暗褐色，果瓣木质。

树木类型：

落叶乔木

主要观赏特性：

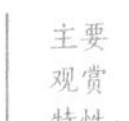

观花

抗风能力：

抗风中

蓝花楹

Jacaranda mimosifolia

植物花期

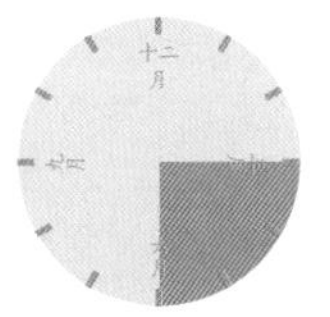

4—6月

种名：吊瓜树

别名：吊灯树

学名：*Kigelia africana*

科属：紫葳科 Bignoniaceae 吊灯树属 *Kigelia*

产地分布：原产于非洲热带地区。我国台湾、福建、广东、香港、澳门、海南、广西和云南南部均有栽培。

适种区域：
道路绿地：路侧绿带
公园绿地：疏林草地
滨海盐碱地：滨海绿地（含填海区）

特别提示：本种果实大且重，种植时需考虑避开行人或停车的区域，以免落果砸伤人或损坏车辆。

果似瓜果

树种简介：

常绿乔木，高 10~15 m，植株全体无毛，果实似瓜果，悬挂于树上，观果植物。羽状复叶交互对生或轮生，有小叶 7~9 片；小叶近革质，长圆形或倒卵状披针形。圆锥花序生于分枝顶端，下垂，有 10 数朵疏生的花；花冠外面淡黄绿色，内面紫红色。果为浆果，长圆形至圆柱形，长 30~40 cm，果皮暗灰色，悬挂于树上，迟迟不落。

花

树木类型：

常绿乔木

主要观赏特性：
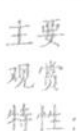

观果

观花

观姿
抗风能力：

抗风强

种名：**海南菜豆树**

别名：绿宝、大叶牛尾林

学名：*Radermachera hainanensis*

科属：紫葳科 Bignoniaceae 菜豆树属 *Radermachera*

特别提示：幼苗常盆栽室内摆放。

产地分布：原产于我国广东、海南和云南。我国东南部、南部和西南部有栽培。乡土树种。

适种区域：
道路绿地：行道树 / 分车绿带 / 路侧绿带
公园绿地：疏林草地

植物花期

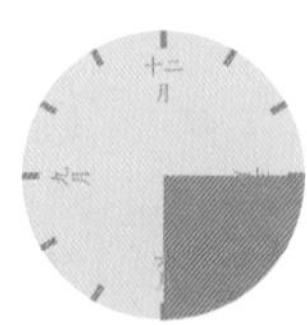

4—6 月

树种简介：

乔木，除花冠筒内面被柔毛外，全株无毛。二回羽状复叶，小叶纸质，长圆状卵形或卵形，基部阔楔形，顶端渐尖，两面无毛。花序腋生或侧生，为总状花序或少分枝的圆锥花序，花少；花冠淡黄色，钟状，内面被柔毛。蒴果条状，长达 40 cm。

叶

花

用作室内植物

树木类型：

常绿乔木

落叶乔木

主要观赏特性：

观果

观叶

观干

观花

观姿

抗风能力：

抗风强

抗风中

抗风弱

植物花期

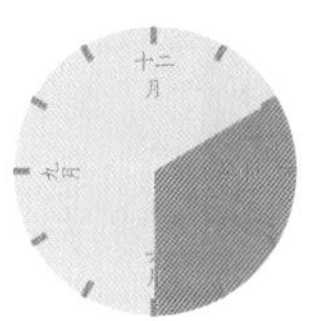

3—6 月

种名：火烧花

别名：缅木、火花树

学名：*Radermachera ignea*

科属：紫葳科 Bignoniaceae 菜豆树属 *Radermachera*

产地分布：原产于我国台湾、广东、广西和云南。印度、缅甸、老挝和越南也有分布。我国南部有栽培。乡土树种。

适种区域：
道路绿地：路侧绿带
公园绿地：疏林草地

特别提示：偶受尺蛾、金龟子为害，防治参考武三安主编的《园林植物病虫害防治》第 2 版 p293~295、p358~362。

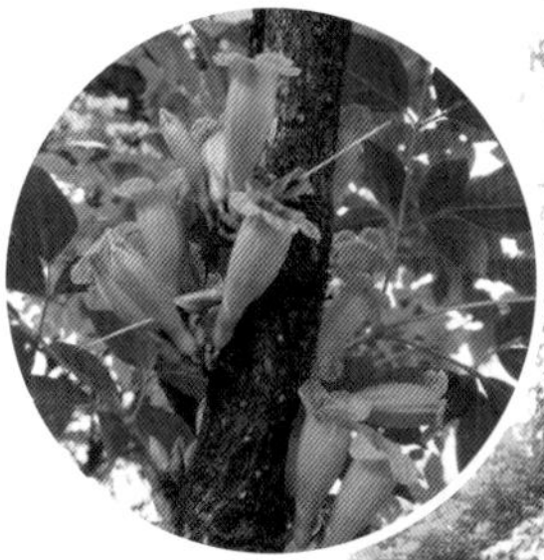

花

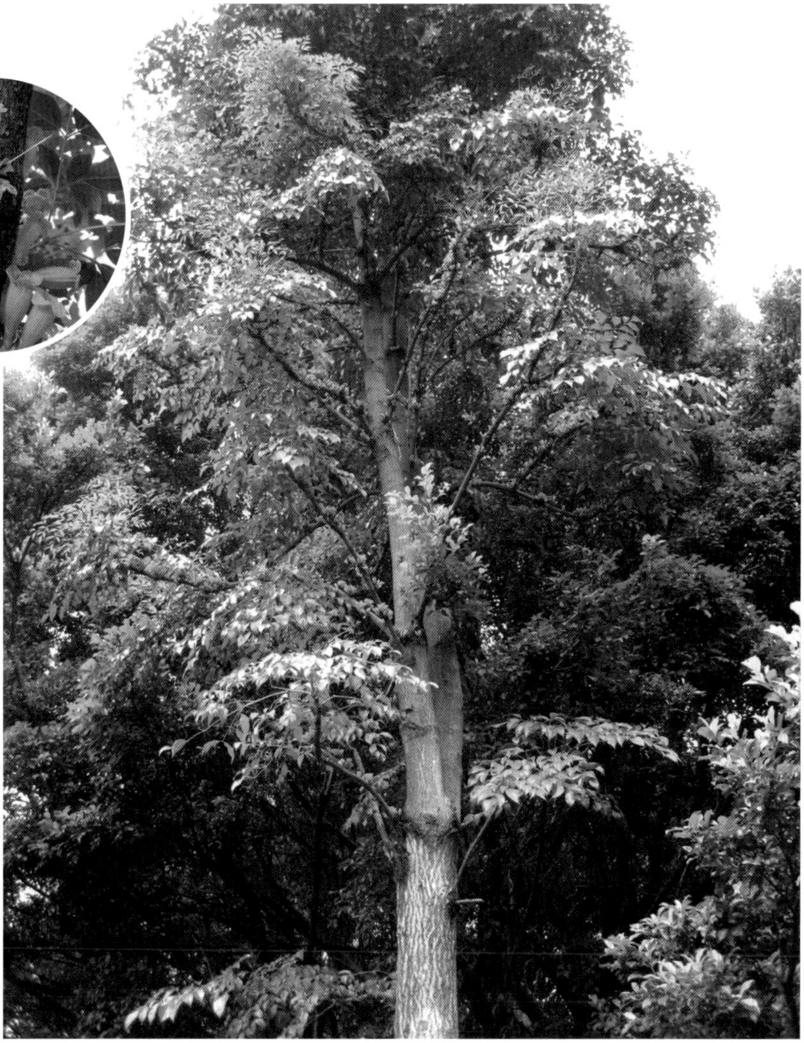

树种简介：

常绿乔木，树皮光滑，植株高可达 15 m，老茎生花，盛花时节，如熊熊燃烧的火苗，故取名“火烧花”，为优良的观花树种。二回羽状复叶；小叶卵形至卵状披针形，基部阔楔形，全缘边缘，先端长渐尖。花序为短总状花序，生于老茎或侧枝上，有花 5~13 朵。花冠橙黄色至金黄色，筒状。蒴果长线形，下垂。

树木类型：

主要观赏特性：

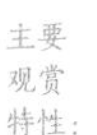

抗风能力：

老茎生花景观

火烧花

Radermachera ignea

植物花期

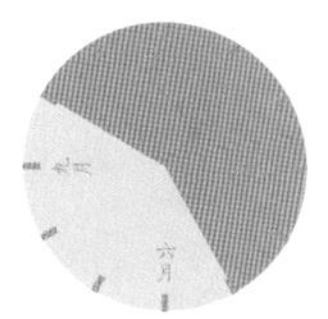

11 月至次年 5 月

种名：火焰木

别名：火焰树、苞萼木

学名：*Spathodea campanulata*

科属：紫葳科 Bignoniaceae 火焰树属 *Spathodea*

产地分布：原产于非洲。我国东南部和南部常有栽培。

适种区域：

道路绿地：行道树 / 分车绿带 / 路侧绿带

公园绿地：广场区域 / 疏林草地 / 停车区域 / 背景林

滨海盐碱地：滨海绿地（含填海区）

树种简介：

常绿乔木，高 10~20 m，树干通直，仅在树干近顶部有少数分枝，花杯形硕大而艳丽，盛花季节，花序如同燃烧的火焰，得名“火焰木”。羽状复叶有小叶 9~13 片；小叶长圆形或椭圆形，稀倒卵形。花序为伞房状总状花序，花萼佛焰苞状，花冠钟状，一侧膨大，花冠外面及檐部橙红色，花冠筒内面橙黄色。蒴果狭长圆形，成熟后黑褐色，无毛。

花

树木类型：

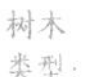

常绿乔木

主要观赏特性：

观花

抗风能力：

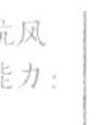

抗风强

火焰木

Spathodea campanulata

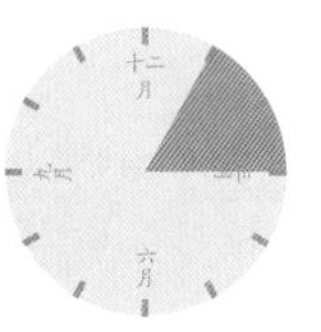

2—3月

种名：黄风铃花

别名：黄花风铃木、黄钟树

学名：*Tabebuia chrysantha*

科属：紫葳科 Bignoniaceae 蚁木属 *Tabebuia*

产地分布：原产于中美洲(墨西哥至哥斯达黎加)。我国南部至西南部常有栽培。

适种区域：
道路绿地：行道树 / 分车绿带 / 渠化岛 / 路侧绿带
公园绿地：广场区域 / 疏林草地

盛花景观

树种简介：

落叶乔木，树干直，树冠圆伞形，上部多分枝，小花似风铃，因其花量巨大及"先花后叶"的特性，满树黄花，极为耀眼，为大众喜爱的优良园林观花树种。叶为掌状复叶，有小叶4~5片；小叶近革质，宽椭圆形或倒卵形，基部圆，边缘具疏齿，先端渐尖或骤尖，两面疏被褐色的星状硬毛。总状花序顶生，有5~10朵密生的花；花冠鲜黄色，漏斗状。蒴果条形，果瓣革质，密被长柔毛。种子有膜质翅。

花

蒴果条形

先花后叶

树木类型：

落叶乔木
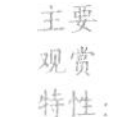
主要观赏特性：

观花

抗风能力：
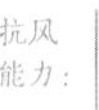

抗风强

紫葳科

Bignoniaceae

种名：蔷薇风铃花

别名：紫绣球、蔷薇钟木、蔷薇钟花、粉花风铃木、樱花风铃木

学名：*Tabebuia rosea*

科属：紫葳科 Bignoniaceae 蚁木属 *Tabebuia*

产地分布：原产于中美洲、南美洲热带地区。我国东南部、南部至西南部常有栽培。

适种区域：
道路绿地：分车绿带 / 路侧绿带
公园绿地：疏林草地

植物花期

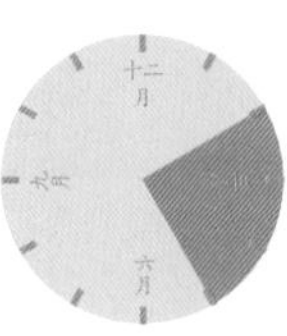

3—5 月

树种简介：

落叶与半落叶乔木，树干直，上部多分枝。叶为掌状复叶，有小叶 4~5 片；小叶倒卵状长圆形，基部圆，边缘全缘，先端急尖。总状花序顶生，有 5~10 朵密生的花；花冠粉红色至粉紫色，漏斗状。蒴果条形，果瓣革质，表面光滑。

花

树皮

树木类型：

落叶乔木

主要观赏特性：

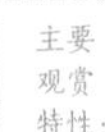

观花

抗风能力：

抗风强

植物花期

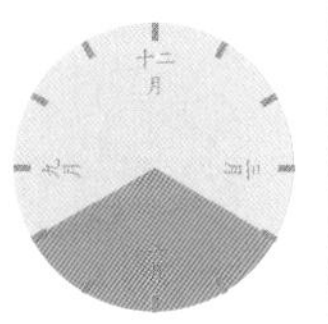

5—8月

种名：团花

别名：黄梁木、卡邓伯木

学名：*Neolamarckia cadamba*

科属：茜草科 Rubiaceae 团花属 *Neolamarckia*

产地分布：原产于我国广东、广西和云南。印度、斯里兰卡、缅甸、越南和马来西亚也有分布。我国东南部、南部和西南部常见栽培。乡土树种。

适种区域：
道路绿地：路侧绿带
公园绿地：广场区域 / 疏林草地
停车区域 / 背景林

树种简介：

落叶大乔木，高可达 30 m，树干通直，基部具小板状根；树皮灰褐色，老时有裂隙且粗糙；枝平展。叶片大，对生，椭圆形或长圆状椭圆形，下面无毛或密被微柔毛，上面有光泽，无毛。花序球形，花序梗粗壮；花小，花冠黄白色，漏斗状，外面无毛。果序球形，黄绿色，果序梗明显增粗。果实圆柱形至椭圆体形或倒卵球形。

叶

果

树木类型：  落叶乔木

主要观赏特性：      观姿

抗风能力：   抗风中 

种名：**珊瑚树**

别名：荚蒾、早禾树

学名：*Viburnum odoratissimum*

科属：五福花科 Adoxaceae 荚蒾属 *Viburnum*

产地分布：原产于我国长江以南各省区。朝鲜半岛及日本、印度、缅甸、泰国和越南也有分布。乡土树种。

适种区域：
道路绿地：路侧绿带
公园绿地：疏林草地

植物花期

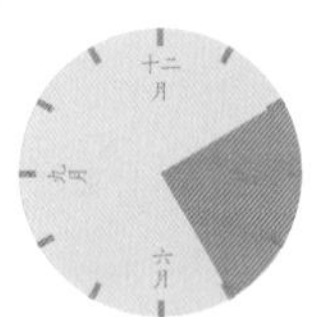

3—5 月

树种简介：

常绿小乔木，高 3~10 m，枝条灰褐色，具小的瘤状皮孔。单叶对生；叶片倒卵状椭圆形、倒卵状长圆形或倒卵形，革质，基部楔形或宽楔形，边缘全缘，先端圆或钝。花序为聚伞圆锥花序，顶生或生于具 1 对叶的侧生短枝顶端；花芳香；花冠白色，后变成黄白色，辐状，无毛，裂片反折。核果卵球形或卵状椭圆体形，初时红色，成熟后变为黑色。

果

花序

树木类型：

常绿乔木

落叶乔木

主要观赏特性：

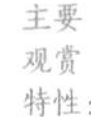
观果

观叶

观干

观花

观姿

抗风能力：

抗风弱

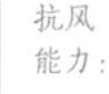
抗风中

抗风强

植物花期

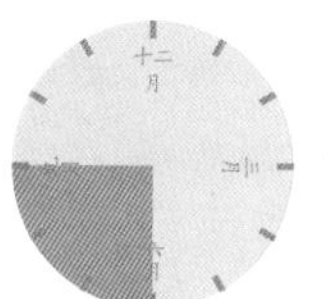

7—9 月

种名：假槟榔

别名：亚历山大椰子

学名：*Archontophoenix alexandrae*

科属：棕榈科 Arecaceae 假槟榔属 *Archontophoenix*

产地分布：原产于澳大利亚。我国东南部、南部及西南部常见栽培。

适种区域：
道路绿地：路侧绿带
公园绿地：疏林草地

特别提示：易受炭疽病、沁茸毒蛾为害，防治参考武三安主编的《园林植物病虫害防治》第 2 版 p101~104、p290~293。叶柄及叶片大且重，不宜种植在人行或停车区域，以免叶脱落砸伤行人或损坏车辆。

树种简介：

茎干基部稍膨大，向上通直，灰色，明显环状叶痕。叶羽状，灰绿色至灰色，表面具蜡质，裂片条状披针形。花序四至五回分枝，光滑；花单性，雌雄花均为淡黄色。核果球形或倒卵球形，成熟时红色，表面光滑。

树木类型：

常绿乔木

主要观赏特性：

观果

观叶

观姿

抗风能力：

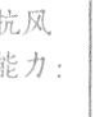

抗风强

棕榈科

Arecaceae

种名：**三药槟榔**

学名：*Areca triandra*

科属：棕榈科 Arecaceae 槟榔属 *Areca*

产地分布：原产于印度、孟加拉国、缅甸、泰国、越南、老挝、柬埔寨和马来西亚。我国东南部、南部和西南部常见栽培。归化树种。

适种区域：
道路绿地：路侧绿带
公园绿地：疏林草地

特别提示：可作室内观叶植物，易受吹绵蚧、叶斑病为害，防治参考武三安主编的《园林植物病虫害防治》第 2 版 p254~257、p105~110。

植物花期

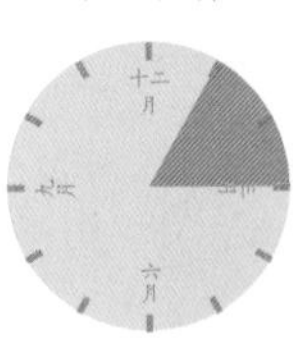

2—3 月

树种简介：

茎丛生，直立，绿色，老时灰黑色，灰色叶痕纹明显。叶聚生于茎顶；叶鞘绿色，闭合成筒，形成明显的冠茎；叶片一回羽状全裂；叶裂片排列规则，沿叶轴一侧排列成一个平面，先端两侧镰状，渐尖，有时又裂成数枚小裂片。圆锥花序二回分枝，直立；雄花小；雌花大。果椭圆体形，亮红色，顶端具宿存柱头。

花序　　果

树木类型：

常绿乔木

落叶乔木

主要观赏特性：

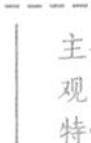
观果

观叶

观干

观花

观姿

抗风能力：

抗风强

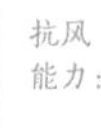
抗风中

抗风弱

植物花期

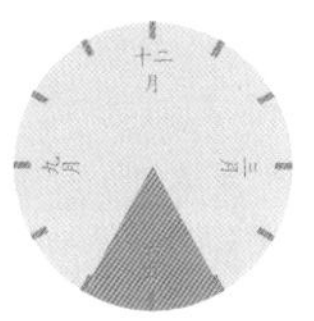

6—7 月

种名：**砂糖椰子**

学名：*Arenga pinnata*

科属：棕榈科 Arecaceae 桄榔属 *Arenga*

产地分布：原产于印度东北部、缅甸、泰国、菲律宾、马来西亚和印度尼西亚。我国南部有栽培。

适种区域：
道路绿地：路侧绿带
公园绿地：疏林草地

特别提示：本种植株寿命较短，成株 20 年后开始衰弱，需及时补苗。

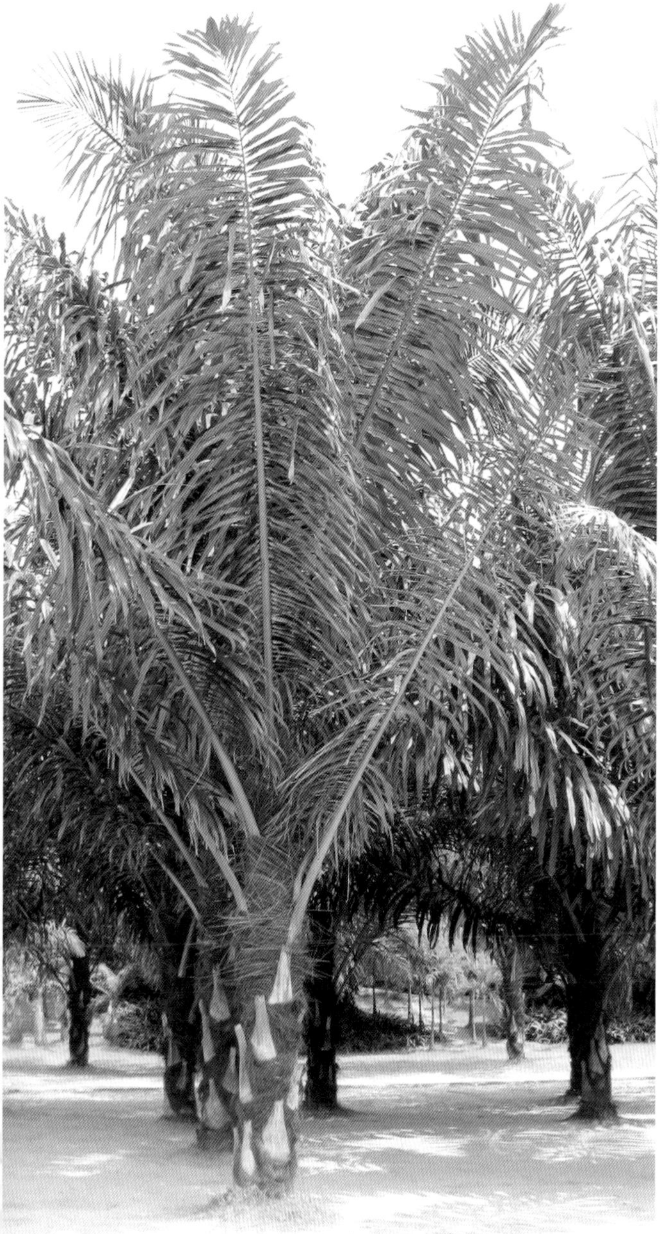

树种简介：

茎单生，残存老叶柄及叶鞘。叶鞘边缘具黑色粗纤维，并混有坚硬的刺状纤维。叶巨大，斜举羽状；叶片长 5~8 m，裂片在叶轴一侧指向不同方向，排成两个平面，基部略具耳状突或无，下面灰白色，上面绿色至深绿色。花雌雄异序，下垂；花序自茎上部向下抽出，最下部的花序结实后植株即枯萎。果球形、卵球形或倒卵球形，直径约 4 cm，灰绿色至灰色。

果

树木类型：

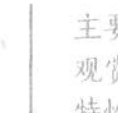

主要观赏特性：

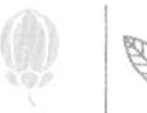

抗风能力：

棕榈科

Arecaceae

种名：**霸王棕**

别名：俾斯麦榈

学名：*Bismarckia nobilis*

科属：棕榈科 Arecaceae 霸王棕属 *Bismarckia*

产地分布：原产于马达加斯加西部及北部。我国福建、台湾、广东、海南、广西和云南南部常见栽培。

适种区域：
道路绿地：分车绿带 / 路侧绿带
公园绿地：广场区域 / 疏林草地
滨海盐碱地：滨海绿地（含填海区）

植物花期

6—7 月

特别提示：耐旱、耐热，易受椰子织蛾为害，防治参考武三安主编的《园林植物病虫害防治》第 2 版 p302。叶片虽然较大，但老叶不易脱落，可定期清理。

树种简介：

常绿高大乔木，树形挺拔，叶片巨大，形成广阔的树冠，为珍贵而著名的观赏类棕榈。近年引入我国后，在华南地区栽培表现良好，深受欢迎。茎圆柱形，基部略膨大，向上通直，灰色。叶掌状，聚生于茎顶；叶鞘不形成冠茎；叶柄及叶片多白色粉状物，似霜降，叶片常为灰绿色，基部不对称，中肋弯弓。雌雄异序。果成熟时深绿色，先端钝。

叶柄及叶片多被白色粉状物

花序

果

树木类型：

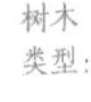
常绿乔木

落叶乔木

主要观赏特性：

观果

观叶

观干

观花

观姿

抗风能力：

抗风强

抗风中

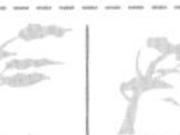
抗风弱

植物花期

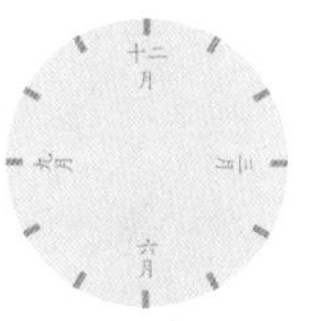

深圳未见开花

种名：**糖棕**

别名：糖椰子、扇叶糖棕

学名：*Borassus flabellifer*

科属：棕榈科 Arecaceae 糖棕属 *Borassus*

产地分布：原产于斯里兰卡、印度、缅甸及非洲各国的干旱地区。我国福建、广东、海南、广西和云南有栽培。

适种区域：
道路绿地：路侧绿带
公园绿地：疏林草地
滨海盐碱地：滨海绿地（含填海区）

树种简介：

穗状花序含有丰富的糖汁，得名“糖棕”。茎圆柱形，基部略膨大，向上通直，灰色至灰黑色，常被残存叶鞘，有呈“人”字形开裂的叶柄（鞘）残基及环状叶柄（鞘）痕。叶掌状，叶柄基部黑色，向上黄绿色，边缘具黑色不规则重齿，叶片绿色至黄绿色，中肋稍弯弓。雌雄异株。果大，扁球形，直径约 18 cm，成熟时黄色至黑色。

果

树木类型：

常绿乔木

主要观赏特性：

观叶

观姿

抗风能力：

抗风强

种名：**鱼尾葵**

别名：大鱼尾葵

学名：*Caryota maxima*

科属：棕榈科 Arecaceae 鱼尾葵属 *Caryota*

产地分布：原产于我国广东、广西、海南和云南。不丹、印度、缅甸、越南、老挝、泰国、马来西亚和印度尼西亚也有分布。我国长江以南各省区常见栽培。乡土树种。

适种区域：
道路绿地：路侧绿带
公园绿地：疏林草地
滨海盐碱地：滨海绿地（含填海区）

植物花期

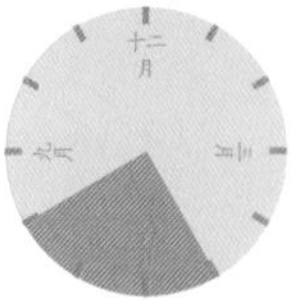

6—8 月

特别提示：果实的浆液会致皮肤瘙痒，住宅小区或学校附近谨慎种植。本种植株寿命较短，成株 10~15 年后开始衰弱，需及时补苗。

果

树种简介：

因其羽状裂片酷似鱼尾，“鱼尾葵”由此得名。茎单生，直立，上部被残存叶鞘覆盖；环状叶痕明显；节间绿色，老时呈灰白色。叶二回羽状，生于茎中部以上，叶裂片斜楔形，先端偏斜，外侧较长，有时具长 3~5 cm 的尾尖，内侧较短，形似鱼尾。花序为大型的圆锥花序，一回分枝，长 2~3 m。果球形，红色、紫红色至紫黑色。

树木类型：

常绿乔木

落叶乔木

主要观赏特性：

观果

观叶

观干

观花

观姿

抗风能力：

抗风强

抗风中
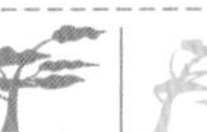
抗风弱

植物花期

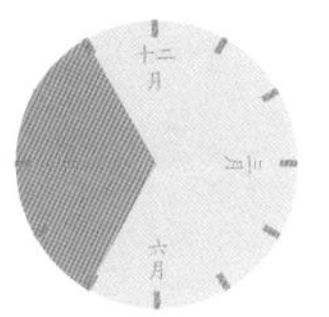

8—11 月

种名：**董棕**

别名：孔雀椰子

学名：*Caryota obtusa*

科属：棕榈科 Arecaceae 鱼尾葵属 *Caryota*

产地分布：原产于我国云南。印度、缅甸、泰国、越南和老挝，以及我国东南部、南部和西南部有栽培。

适种区域：
道路绿地：路侧绿带
公园绿地：疏林草地

特别提示：植株为多年生一次开花植物，植株生长约 30 年后开花一次即逐渐死亡。

树种简介：

佛教“五树六花”之一。茎单生，直立，棕色至灰白色，无毛。叶二回羽状，聚生于茎顶部；叶鞘棕色至灰白色，边缘具网状的棕黑色纤维；整片叶酷似孔雀羽毛，得名“孔雀椰子”。大型叶，卵形或长卵形，长 4~5 m，宽约 4 m。花序生于叶间，为一回分枝的大型圆锥花序，长 2~4 m。果球形，直径约 2.5 cm，成熟时红色。

幼株

成年株

树木类型：

常绿乔木

主要观赏特性：

观叶

观姿

抗风能力：

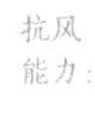

抗风强

棕榈科

种名：**椰子**

别名：可可椰子

学名：*Cocos nucifera*

科属：棕榈科 Arecaceae 椰子属 *Cocos*

产地分布：原产于印度南部及亚洲热带岛屿。我国南部常见栽培。归化树种。

适种区域：
道路绿地：路侧绿带
公园绿地：疏林草地
滨海盐碱地：滨海绿地（含填海区）

特别提示：易受椰心叶甲，红棕象甲为害，防治参考《深圳园林植物病虫害防治》p27、p19。果实大，脱落时易伤人，但在深圳由于积温不够，结果很少。

植物花期

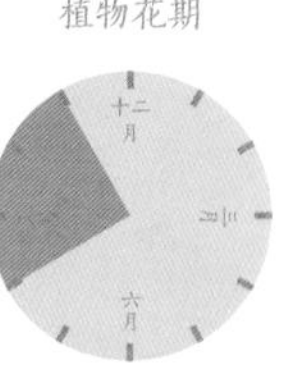

9—11 月

Arecaceae

树种简介：

热带水果树种，在高温、多雨、阳光充足和海风吹拂的条件下生长发育良好，具有极高的经济价值。茎灰绿色至灰色，单生，直立或倾斜，基部膨大，常有气生根。叶羽状，长可达 6 m，叶鞘不形成冠茎，边缘全部解体为深棕色的网状纤维。花序自叶间伸出，为大型圆锥花序，具一回分枝；花单性，雌雄同株。核果球形或卵球形，空腔中充满汁液。

果

树木类型：

常绿乔木

落叶乔木

主要观赏特性：

观果

观叶

观干

观花

观姿

抗风能力：

抗风强

抗风中
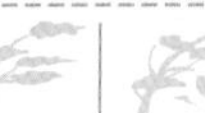
抗风弱

植物花期

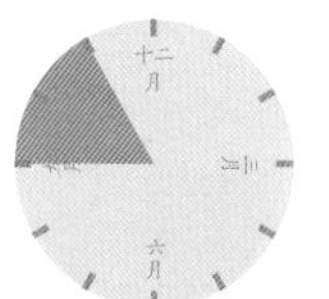

10—11 月

种名：**三角椰子**

别名：三角槟榔

学名：*Dypsis decaryi*

科属：棕榈科 Arecaceae 散尾葵属 *Dypsis*

产地分布：原产于马达加斯加南部。我国东南部、南部和西南部常见栽培。

适种区域：
道路绿地：路侧绿带
公园绿地：疏林草地

特别提示：易受椰心叶甲，红棕象甲为害，防治参考《深圳园林植物病虫害防治》p27、p19。

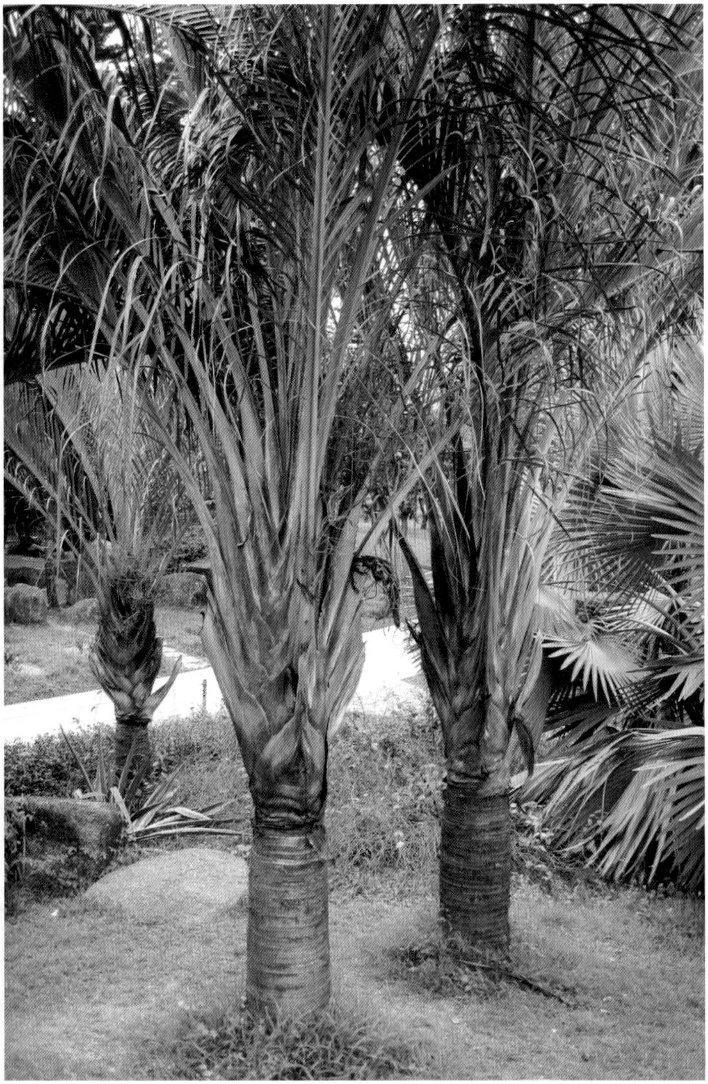

树种简介：

茎单生，直立，灰色。叶羽状，聚生于茎顶，排成整齐的3列；叶鞘不闭合，不形成冠茎，上部呈明显的龙骨状，在茎上形成3条棱呈三角柱形；叶片上部向下弯弓；裂片斜展并在叶轴一侧指向同一方向，排成一个平面。花序自叶间伸出，三回分枝；雌雄同序，花小。果球形，直径约2 cm，灰绿色，表面有白色蜡质。

叶鞘呈龙骨状

花序

树木类型：

主要观赏特性：

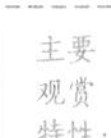

抗风能力：

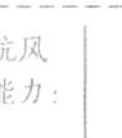

棕榈科

种名：**红领椰子**

别名：红冠棕

学名：*Dypsis lastelliana*

科属：棕榈科 Arecaceae 散尾葵属 *Dypsis*

产地分布：原产于马达加斯加东北部。我国东南部和南部有栽培。

适种区域：
道路绿地：路侧绿带
公园绿地：疏林草地

特别提示：易受椰心叶甲，红棕象甲为害，防治参考《深圳园林植物病虫害防治》p27，p19。

植物花期

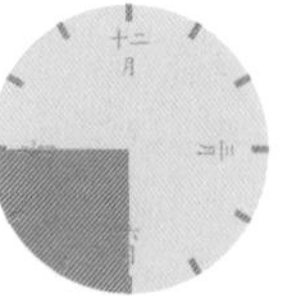

7—9 月

Arecaceae

树种简介：

茎单生，向上通直，灰绿色，向上绿色，基部略膨大，环状叶痕明显。叶羽状，螺旋状聚生于茎顶；叶鞘闭合形成冠茎，表面密被红棕色的毡毛，“颈部”锈红色，得名“红领椰子”；叶片通直，先端不扭转；裂片排成一个平面。花序自叶间伸出，三回分枝；雌雄同序，花小。果倒卵球形，直径约 1.8 cm。

花序

树干

树木类型：

常绿乔木

主要观赏特性：

观叶

观姿

抗风能力：

抗风中

红领椰子

Dypsis lastelliana

种名：**散尾葵**

别名：黄椰子

学名：*Dypsis lutescens*

科属：棕榈科 Arecaceae 散尾葵属 *Dypsis*

产地分布：原产于马达加斯加东部。我国长江以南各省区常见露天栽培，长江以北各省区则常作室内盆栽。

适种区域：
道路绿地：路侧绿带
公园绿地：疏林草地

植物花期

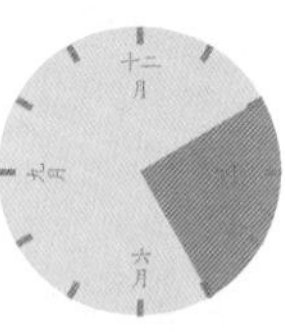

3—5 月

叶

花序

树种简介：

茎丛生，直立或斜升，中部偶有分枝，黄绿色至黄色，老时变为灰白色，环状叶痕明显。叶鞘闭合，灰白色至黄绿色，具蜡质；叶片一回羽状；上部明显向下弯弓，不扭转；裂片排列规则，排成一个平面。花序自叶间伸出，二回分枝；雌雄同序，花小。果椭圆体形至倒卵球形，直径约 8 mm。

树木类型：

常绿乔木

落叶乔木
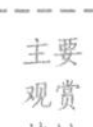
主要观赏特性：

观果

观叶

观干

观花

观姿
抗风能力：
抗风强

抗风中

抗风弱

植物花期

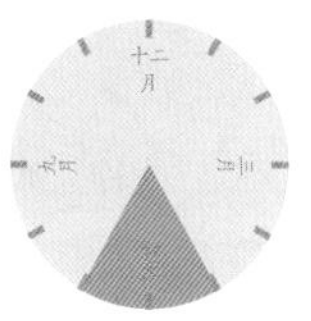

6—7月

种名：油棕

别名：油椰子

学名：*Elaeis guineensis*

科属：棕榈科 Arecaceae 油棕属 *Elaeis*

产地分布：原产于非洲热带、亚热带地区。我国东南部和南部常见栽培。

适种区域：
道路绿地：行道树 / 分车绿带 / 路侧绿带
公园绿地：广场区域 / 疏林草地 / 停车区域
滨海盐碱地：滨海绿地（含填海区）

特别提示：易受椰心叶甲，红棕象甲为害，防治参考《深圳园林植物病虫害防治》p27、p19。

树种简介：

果实中果皮含油可达65%~84%，“油棕”由此得名。茎单生，粗壮，棕黑色至黑色，基部略膨大，中下部具不规则突起的叶痕，向上被残存的叶鞘。叶片羽状；叶裂片100~150对，下部裂片变为先端具长纤维的刺，叶柄基部常有蕨类植物附生其中。雌雄同株异序，花序藏于叶鞘中，花小。果卵球形，直径2~3 cm，表面光滑，橙色、红色至黑色，具因挤压形成的棱。

树干

果

树木类型：

常绿乔木

主要观赏特性：

观叶

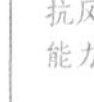
观姿

抗风能力：

抗风强

棕榈科

Arecaceae

种名：**棍棒椰子**

学名：*Hyophorbe verschaffeltii*

科属：棕榈科 Arecaceae 酒瓶椰子属 *Hyophorbe*

产地分布：原产于马斯克林群岛。我国东南部、南部和西南部常见栽培。

适种区域：
道路绿地：分车绿带
公园绿地：疏林草地

特别提示：在深圳，冬天叶片易受寒害而枯黄，故向风处不易种植，以免冷风吹伤叶片。

植物花期

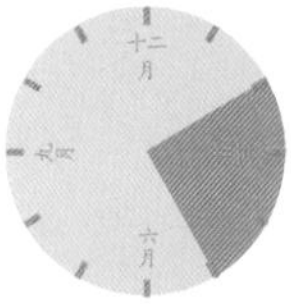

十二月 九月 六月

3—5月

树种简介：

茎单生，下部略缩小，向上膨大如棍棒，灰白色，环状叶痕明显。叶鞘形成冠茎，绿色；叶片羽状，裂片对生或近对生，平展或斜向上，排成一个平面。花序生于冠茎之下，圆锥状，三回分枝，直立；花雌雄同序，小。核果椭圆体形，成熟时深绿色至黑色。

树木类型：

常绿乔木

主要观赏特性：

观叶

观干

抗风能力：

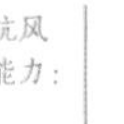
抗风强

植物花期

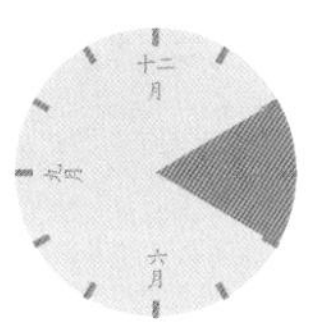

3—4 月

种名：**蒲葵**

别名：葵树、扇叶树

学名：*Livistona chinensis*

科属：棕榈科 Arecaceae 蒲葵属 *Livistona*

产地分布：原产于我国台湾、广东、海南，我国东南部、南部和西南部常见栽培。乡土树种。

适种区域：

道路绿地：分车绿带 / 路侧绿带

公园绿地：疏林草地 / 滨水区域

滨海盐碱地：滨海绿地（含填海区）

花序

果

树种简介：

茎直立或斜升，棕色至深棕色，基部膨大，向上通直，上部常被枯萎的叶覆盖，叶片常用于制作葵伞及其他编制品。叶聚生于茎顶；叶鞘边缘解体为网状粗纤维；叶柄下部边缘具棕褐色纤维及锯齿，幼株的锯齿可延伸至叶柄中上部；叶片掌状裂，幼株叶片中肋不明显，成株叶片具长约 30 cm 的中肋；裂片条状披针形。花序为三至四回的圆锥花序，自叶间伸出，花两性，小，淡黄白色。核果球形、椭圆体形至梨形，直径 1~1.8 cm，侧面具 1 条不明显的纵沟，绿色至蓝绿色。

树木类型：

常绿乔木

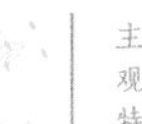

主要观赏特性：

观叶

观姿

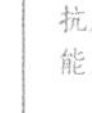

抗风能力：

抗风强

种名：**银海枣**

别名：林刺葵、中东海枣

学名：*Phoenix sylvestris*

科属：棕榈科 Arecaceae 海枣属 *Phoenix*

产地分布：原产于巴基斯坦、印度、不丹、尼泊尔、孟加拉国和缅甸。我国东南部、南部及西南部常见栽培。

适种区域：
道路绿地：分车绿带 / 路侧绿带
公园绿地：疏林草地
滨海盐碱地：滨海绿地（含填海区）

特别提示：易受椰心叶甲、红棕象甲为害，防治参考《深圳园林植物病虫害防治》p27、p19。

植物花期

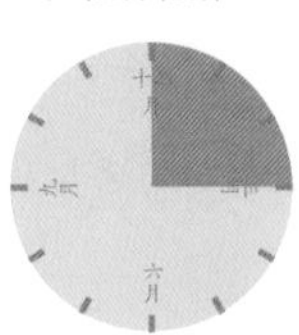

1—3 月

树种简介：

茎单生或稀为丛生，直立，灰色至灰黑色，基部至中部有明显突起、稀疏并不规则的叶痕。叶一回羽状；叶鞘不形成冠茎，灰绿色或橙黄色，边缘具纤维；叶柄的长刺排列不规则；叶片中上部扭转并向下弯弓；裂片排列不规则，排成多个平面，绿色至灰绿色，先端具尖刺。雌雄异株；花序自叶间伸出；雌雄花均小。果长圆体形，成熟时橙黄色。

果

树木类型：
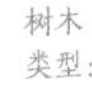
常绿乔木

落叶乔木

主要观赏特性：

观果
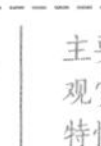

观叶

观干

观花

观姿

抗风能力：

抗风强

抗风中

抗风弱

植物花期

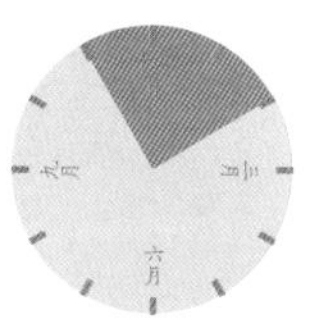

12 月至次年 2 月

种名：国王椰子

学名：*Ravenea rivularis*

科属：棕榈科 Arecaceae 溪棕属（国王椰子属）*Ravenea*

产地分布：原产于马达加斯加南部及西南部。我国东南部、南部和西南部常见栽培。

适种区域：
道路绿地：分车绿带 / 路侧绿带
公园绿地：疏林草地

特别提示：易受椰心叶甲、红棕象甲为害，防治参考《深圳园林植物病虫害防治》p27、p19。本种耐水湿，积水区域或湿地均可种植。

树种简介：

优美的热带风光树，原产马达加斯加，引入我国后表现良好，在华南各省区广泛种植。茎单生，灰色至灰黑色，基部膨大，先端变细。叶一回羽状；叶鞘基部不闭合，不形成冠茎，边缘纤维状或撕裂状；叶片先端略向下弯弓并扭转；裂片排列规则，在叶轴一侧排成一个平面。雌雄异株；花序自叶间伸出；雄花序二回分枝；雌花序一回分枝；雌雄花均小。果球形，直径约 8 mm，红色，表面光滑或略具疣点。

果

树木类型：

常绿乔木

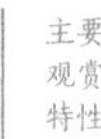

主要观赏特性：

观叶

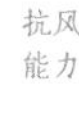

观姿

抗风能力：

抗风强

棕榈科

Arecaceae

种名：**大王椰子**

别名：王棕、大王棕

学名：*Roystonea regia*

科属：棕榈科 Arecaceae 王棕属 *Roystonea*

产地分布：原产于美国南部、加勒比海沿岸及岛屿。我国东南部、南部和西南部常见栽培。

适种区域：
道路绿地：分车绿带 / 路侧绿带
公园绿地：疏林草地 / 滨水区域
滨海盐碱地：滨海绿地（含填海区）

植物花期

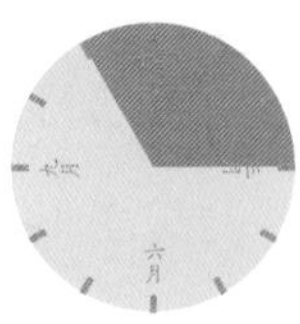

12 月至次年 3 月

特别提示：易受椰心叶甲、红棕象甲为害，防治参考《深圳园林植物病虫害防治》p27、p19。本种叶大且重，不宜种植在行车道及人行道附近，以免落叶阻碍驾驶或砸伤行人。

树种简介：

茎单生，灰色，高达挺拔，中部膨大，向上变细。叶一回羽状；叶鞘闭合形成冠茎；叶片先端向下弯弓并扭转；裂片在叶轴一侧排列不规则，指向不同方向，排成多个平面。雌雄同序；花序生于冠茎之下，三回分枝；雌雄花均小，米白色。果球形至倒卵球形，成熟时灰绿色至棕色。

花序

果

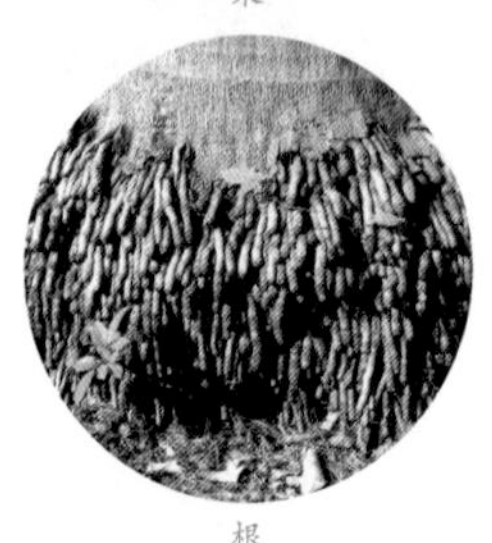

根

树木类型：
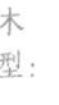

常绿乔木 落叶乔木

主要观赏特性：

观果 观叶 观干 观花 观姿

抗风能力：

抗风强 抗风中 抗风弱

植物花期

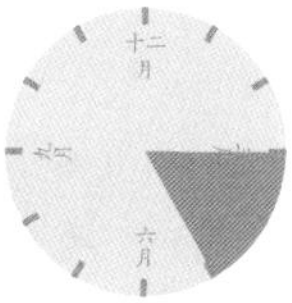

4—5月

种名：金山葵

别名：皇后葵

学名：*Syagrus romanzoffiana*

科属：棕榈科 Arecaceae 金山葵属 *Syagrus*

产地分布：原产于巴西中部、东南部以及巴拉圭东部。我国东南部、南部和西南部常见栽培。

适种区域：
道路绿地：路侧绿带
公园绿地：疏林草地 / 停车区域
滨海盐碱地：滨海绿地（含填海区）

特别提示：易受炭疽病、叶斑病为害，防治参考武三安主编的《园林植物病虫害防治》第2版 p101~105、p105~110。

果

树种简介：

树干挺拔，簇生在顶上的叶片有如松散的羽毛，酷似皇后头上的冠饰，“皇后葵”由此得名。茎单生，直立，基部略膨大，上部膨大，树干表面布满不对称的环状条纹，是叶片脱落遗留下的叶痂。叶一回羽状；叶鞘基部不闭合，不形成冠茎，边缘啮蚀状并具纤维，连同叶柄均密被灰白色毡毛；叶片向下弯弓，先端不扭转或略扭转；裂片排列不规则，在叶轴一侧指向不同方向，排成多个平面。圆锥花序自叶间伸出，一回分枝；苞片大，花雌雄同序，雄花小，雌花稍大，均为淡黄白色。果卵球形，成熟时黄色至橙红色。

树木类型：

常绿乔木

主要观赏特性：

观果

观叶

观姿

抗风能力：

抗风强

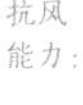

棕榈科

Arecaceae

种名：丝葵

别名：华盛顿棕、华棕

学名：*Washingtonia robusta*

科属：棕榈科 Arecaceae 华盛顿棕属 *Washingtonia*

产地分布：原产于美国西南部和墨西哥西北部。我国长江以南各省区常见栽培。

适种区域：
道路绿地：路侧绿带
公园绿地：疏林草地

特别提示：易受椰心叶甲、红棕象甲为害，防治参考《深圳园林植物病虫害防治》p27、p19。

植物花期

4—5月

叶片枯萎后宿存呈裙状

树种简介：

茎直立，棕色，基部膨大，向上通直，表面具密集的纵裂纹，环状叶痕明显。叶掌状分裂，枯萎后宿存呈裙状；叶鞘阔，不形成冠茎，基部二叉裂，边缘无纤维或略具纤维；叶片边缘分裂至中部，裂片先端不裂或浅二裂，小裂片直立或下垂，边缘常具丝状纤维。花序自叶间伸出，圆锥状，四回分枝，长达 4 m。花两性，小，乳白色。果卵球形至球形，直径约 1 cm，表面光滑，深棕色至黑色。

树木类型：

常绿乔木

落叶乔木

主要观赏特性：

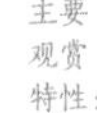

观果

观叶

观干

观花

观姿

抗风能力：

抗风强

抗风中

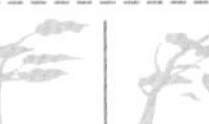

抗风弱

植物花期

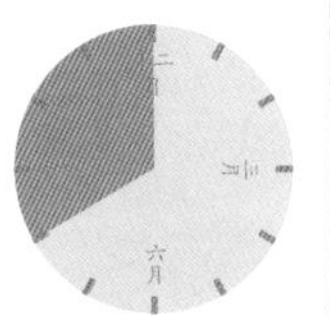

9—12 月

种名：**狐尾椰子**

别名：狐尾棕

学名：*Wodyetia bifurcata*

科属：棕榈科 Arecaceae 二枝棕属 *Wodyetia*

产地分布：原产于澳大利亚东北部。我国南部常见栽培。

适种区域：
道路绿地：分车绿带 / 路侧绿带
公园绿地：疏林草地

特别提示：易受椰心叶甲、红棕象甲为害，防治参考《深圳园林植物病虫害防治》p27、p19。

花序　　果枝

树种简介：

小叶披针形，轮生于叶轴上，形似狐尾，由此得名“狐尾椰子”。茎单生，灰色，基部膨大，中部略膨大，环状叶痕明显。叶一回羽状全裂；叶鞘闭合，在茎上部形成明显的冠茎；叶片中部以上略向下弯弓，上部略扭转；裂片再纵裂成 7~15 条小裂片，小裂片指向不同方向。花序生于冠茎之下，为大型的圆锥花序，三至四回分枝。花单性，雌雄同株，雄花小，雌花略大。果为核果，椭圆体形，长约 6 cm，直径 3~5 cm，外果皮红色，光滑，中果皮粗纤维状。

树木类型：

常绿乔木

主要观赏特性：

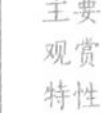

观果

观叶

观姿

抗风能力：

抗风强

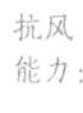

种名：**红刺露兜树**

别名：红刺林投、红章鱼树、扇叶露兜树、马达加斯加露兜

学名：*Pandanus utilis*

科属：露兜树科 Pandanaceae 露兜树属 *Pandanus*

产地分布：原产于马达加斯加。我国南部常见栽培。

适种区域：
道路绿地：路侧绿带
公园绿地：疏林草地 / 滨水区域
滨海盐碱地：滨海绿地（含填海区）

特别提示：本种叶片边缘具尖锯齿，容易伤人，种植区域需要远离人群。

植物花期

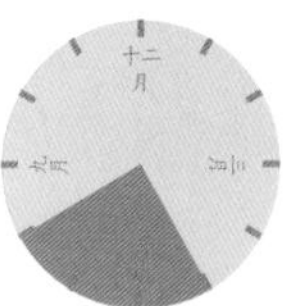

6—8 月

树种简介：

树干平滑，上部多分枝，有多数粗壮的气生根，根状似章鱼，“红章鱼树”由此得名。叶通常 3 行紧密螺旋状排列，聚生于茎或分枝的顶端；叶片革质，坚挺，长条形，下面灰绿色，上面深绿色，先端具长的尾尖，下面中脉上及边缘具红色的锐刺。雄花序佛焰苞白色；雄花有香味。聚花果下垂，具长的果梗，近球形，直径 15~20 cm，成熟时黄色，由 100~200 个核果组成；核果下部棱柱形，上部凸出，呈金字塔形。

花序

果

树木类型：

常绿乔木

落叶乔木

主要观赏特性：

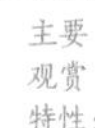

观果

观叶

观干

观花

观姿

抗风能力：

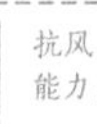

抗风强

抗风中

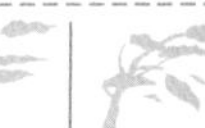
抗风弱

中文名索引

Chinese Index

（黑体为正名，楷体为别名。）

拉丁学名索引 Latin Index

致谢

为提高图片清晰度和突出图片观赏性，本书部分精美图片由同行和专业人士提供，其中深圳市梧桐山风景区管理处刘永金教授提供了豆梨和浙江润楠图片，深圳市公园管理中心孙延军高级工程师提供了山苍子和圆柏图片，广东内伶仃福田国家级自然保护区徐华林博士提供了白骨壤和桐花树图片，刘蕾老师提供了鸡冠刺桐、红花银桦花和狐尾椰果特写照片，王文卿老师提供了海漆图片，在此一并表示衷心的感谢！另外，廖一颖博士对核对部分树种在APG Ⅳ中的科属关系给予了不少帮助，在此对她表示感谢！